R. G. Panneerselvam
L. Rathakrishnan
H. L. Vijayakumar

Tissage d'un tissu face-face-face à l'aide d'une trame orthogonale de tapisserie

R. G. Panneerselvam
L. Rathakrishnan
H. L. Vijayakumar

Tissage d'un tissu face-face-face à l'aide d'une trame orthogonale de tapisserie

Tapisserie à trame orthogonale, mèche à deux étages, tissu à face simple, tissu à face figurée, tissu à face figurée

ScienciaScripts

Imprint

Any brand names and product names mentioned in this book are subject to trademark, brand or patent protection and are trademarks or registered trademarks of their respective holders. The use of brand names, product names, common names, trade names, product descriptions etc. even without a particular marking in this work is in no way to be construed to mean that such names may be regarded as unrestricted in respect of trademark and brand protection legislation and could thus be used by anyone.

Cover image: www.ingimage.com

This book is a translation from the original published under ISBN 978-3-330-07402-6.

Publisher:
Sciencia Scripts
is a trademark of
Dodo Books Indian Ocean Ltd. and OmniScriptum S.R.L publishing group

120 High Road, East Finchley, London, N2 9ED, United Kingdom
Str. Armeneasca 28/1, office 1, Chisinau MD-2012, Republic of Moldova, Europe
Printed at: see last page
ISBN: 978-620-7-23441-7

ACCUSÉ DE RÉCEPTION

L. Rathakrishnan, professeur et directeur du département des industries rurales et de la gestion, Institut rural de Gandhigram, Gandhigram, et au Dr. H.L. Vijayakumar, directeur de l'Institut militaire de la mode et du design, Bangalore, pour leurs conseils et leurs suggestions qui m'ont permis de façonner et d'achever cet ouvrage.

Ma gratitude la plus sincère va toujours à mon ministère de tutelle - le commissaire au développement pour les métiers à main - qui m'a donné l'occasion de réaliser toutes les expériences pendant mon service dans les instituts indiens de technologie du tissage à main et les centres de services pour les tisserands. Je remercie également mon institut - l'Indian Institute of Handloom Technology, Salem - et mes gourous Shri D. Jayaramaiah, Shri G. Sukumaran Nair et Shri C. Rajendiran, alors professeur à l'Institut, qui ont jeté les bases solides du sujet de la structure des tissus dans mon esprit, ce qui m'a amené à expérimenter et à écrire ce livre sur le sujet de la structure des tissus composés.

Je saisis cette occasion pour exprimer ma gratitude à Shri Sasikumar de M/s. Sasikumar Sarees, Arni, qui a concrètement mis en œuvre certaines des idées issues de ce travail. Je suis reconnaissante aux tisseurs de soie de mes villages natals - Durugam et Onnupuram dans le groupe de tissage de soie d'Arni - qui sont des artisans utilisant pratiquement les différentes techniques de tissage et de harnais jacquard et avec lesquels toutes mes inspirations sont restées.

Ce livre porte l'empreinte de nombreuses personnes. Je dois un grand merci à tous ceux qui m'ont soutenu directement ou indirectement dans la rédaction de ce livre.

D   Dédié à mon PÈRE   Л **Auteur**

GURUSWAMY

MON

GURU et SWAMY pour toujours

1

TABLE DES MATIÈRES

CHAPITRE 1   **3**

CHAPITRE 2   **6**

CHAPITRE 3   **27**

CHAPITRE 4   **36**

CHAPITRE 5   **78**

CHAPITRE 6   **110**

CHAPITRE 7   **147**

CHAPITRE 1

1. FACE - FLIP - FACE TISSU

La plupart des tissus à figures ont une figure avec deux ou plusieurs couleurs et effets de tissage sur un côté. La figure est la même sur l'autre face, mais les couleurs et le tissage sont interchangés. Les tissus imprimés épais et réversibles sont développés en imprimant deux figures différentes, l'une pour la face et l'autre pour le dos. Des expériences ont été menées pour produire un tissu imprimé appelé "deux en un" contenant deux images, un éléphant d'un côté et un cheval de l'autre, l'un s'appuyant sur l'autre. L'objectif de ce type de tissu est d'utiliser le tissu en l'inversant, une fois avec une image et la fois suivante avec l'autre. Pour citer un exemple, le tapis de sol épais ordinaire, utilisé depuis au moins une décennie, donne un aspect monotone. Au lieu de cela, le tapis tissé selon le concept "deux en un" servira un double objectif. D'une part, il est plus épais grâce au double tissu cousu et, d'autre part, il est utilisé sur les deux faces avec des couleurs et des images différentes pour rompre la monotonie. Le principe de la production d'un tissu deux en un était basé sur une seule armure, à savoir le tissu double cousu, depuis trois décennies, avec deux limitations. L'une d'elles est la sensation de rugosité du tissu lorsqu'il est tissé avec des titres plus grossiers à cause des reliures en sergé et en satin, et l'autre est le soulèvement d'un grand nombre de bouts pour les piquages de dos.

Les observations ci-dessus soulèvent les questions suivantes :

- Existe-t-il une autre structure de tissu composé à utiliser à la place du tissu double pour produire un tissu deux-en-un sans aucune proéminence d'armure ? Ces nouveaux tissages pourraient-ils être utiles pour produire une gamme diversifiée de tissus deux-en-un avec différentes textures afin de surmonter les limites du tissu double ?

- Est-il possible de développer différentes techniques de métier à tisser et de jacquard pour tisser les nouvelles structures composées, qui pourraient être adoptées d'un point de vue technico-ergonomique par les secteurs non organisés de l'industrie textile ?

3

Les objectifs de l'étude visant à répondre aux questions susmentionnées sont les suivants :

-   Développer une nouvelle structure composée, à savoir la "tapisserie à trame orthogonale (OWT)", en combinant deux armures, à savoir l'armure orthogonale et l'armure de tapisserie à trame ;

-   Utiliser les tissages OWT pour produire des tissus deux-en-un, rebaptisés Simple Face - Flip - Face Fabric (SFFFF) et Figured Face - Flip - Face Fabric (FFFFF) ;

-   Concevoir de nouvelles techniques de tissage, à savoir "Double Decker Shedding (DDS)" et "Double Decker Picking (DDP)", pour tisser la nouvelle structure.

Dans l'étude, les noms "tissu deux en un", "tissu double face" et "tissu double face" ont été renommés "tissu face - flip - face" (FFFF) pour une prononciation plus technique, dans le sens où les deux côtés du tissu deviennent face lorsqu'il est retourné. Ainsi, lorsque le côté "cheval" du tissu devient face, le côté "éléphant" devient face arrière et vice versa lorsqu'il est retourné. L'étude vise à développer une nouvelle structure de tissage pour tisser FFFF afin de surmonter certaines des limites de l'armure double cousue utilisée pour produire des tissus deux en un. La première limite est la sensation de rugosité du tissu lorsqu'il est tissé avec des titres plus grossiers, en raison des liens de sergé et de satin utilisés dans la figure et le fond des deux couches. La deuxième limitation est la levée d'un grand nombre de bouts pour les piqûres du dos.

L'autre objectif de l'étude est de disposer d'un plus grand nombre de structures pour produire une gamme diversifiée de tissus aux textures différentes. L'étude a été étendue à l'élaboration d'une nouvelle structure de tissage qui produit des tissus lisses à face retournée dans toutes les gammes de comptage, qu'elles soient fines, moyennes ou plus grossières, et sans aucune proéminence de liage. La nouvelle structure peut être tissée en appliquant différents principes de délestage qui permettent de soulever les extrémités de la face tout en introduisant des pics arrière, sans aucune contrainte supplémentaire.

C'est dans cette optique que l'on a étudié le tissage d'un tissu Face - Flip - Face à l'aide d'une tapisserie à trame orthogonale, en utilisant des métiers à tisser manuels. La nouvelle structure d'armure est développée pour produire des tissus Face - Flip - Face en combinant les principes de deux structures d'armure différentes. L'une est l'armure orthogonale et l'autre est l'armure tapisserie. La nouvelle structure est donc appelée tapisserie à trame orthogonale (OWT).

L'organigramme présenté à la figure 1.1 montre les différentes techniques de délestage à la lisse et au jacquard utilisées pour produire différentes variétés de deux catégories de tissus face - retournement - face, à savoir SFFFF et FFFFF, en utilisant trois types d'armures de tapisserie à trame orthogonale, à savoir 2 picots OWT, 3 picots OWT et 4 picots OWT.

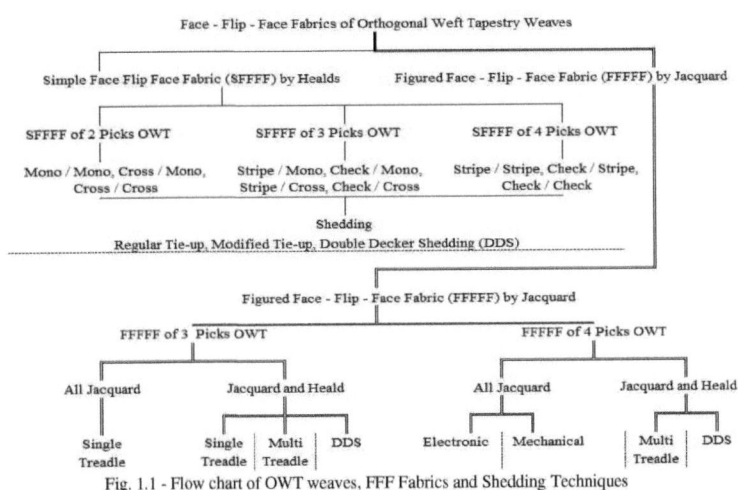

Fig. 1.1 - Flow chart of OWT weaves, FFF Fabrics and Shedding Techniques

CHAPITRE 2

2. ARMURES DE TAPISSERIE À TRAME ORTHOGONALE (OWT)

2.1 Dérivation de la trame

La nouvelle structure d'armure est dérivée de la combinaison des principes de deux structures d'armure différentes. L'une est l'"armure orthogonale" et l'autre l'"armure de tapisserie". La nouvelle structure a donc été baptisée "armure orthogonale à trame" (OWT). Il est possible de combiner ces deux structures en raison de la similarité de la chaîne, même si les deux structures ont une trame différente. La chaîne se compose de deux séries. L'une d'entre elles est la chaîne de couture (st), principalement dessinée en 2 lisses pour piquer les trames en alternance. L'autre est la chaîne de séparation (se) qui sépare les trames de couleur et les maintient dans les positions souhaitées. Ces extrémités séparatrices restent simplement entre les trames et ne sont visibles ni sur l'endroit ni sur l'envers. Le nombre de bouts séparateurs par répétition dépend du nombre de couleurs de trame utilisées et de la nécessité de les positionner. Le rapport entre les extrémités de couture et les extrémités de séparation peut être de 1:1 ou 1:2, ou 1:3 ou 1:4 en fonction de la compacité requise. Ces deux séries de chaînes doivent être prises dans deux ensouples différentes. L'ensouple de couture doit être en tension modérément lâche et l'ensouple de séparation en tension normale.

La figure 2.1 illustre le diagramme d'entrelacement de trame des armures orthogonales, de tapisserie et de tapisserie à trame orthogonale pour faciliter la comparaison.

Le nombre de trames utilisées est de 2, 3, 4 ou plus selon la variété. Dans la structure orthogonale, deux pics ou plus par jeu restent l'un au-dessus de l'autre sans s'interchanger et sans importance de couleur sur toute la largeur du tissu.

Par exemple, dans une structure orthogonale à trois couches de trame, la première mèche est en haut, la deuxième au milieu et la troisième en bas sur toute la largeur du tissu, sans interchangement ni importance de couleur, ce qui est indiqué par 1 / 2 / 3, comme le montre la troisième colonne - deuxième rangée de la figure 2.1.

Dans la structure de la tapisserie à trame, deux, trois ou quatre fils de trame de couleurs différentes s'échangent complètement entre l'endroit et l'envers du tissu pour produire un motif dont le nombre de couleurs est égal au nombre de trames différentes utilisées.

Par exemple, dans une tapisserie à trois couleurs, à n'importe quel rang du tissu, dans une partie du dessin, le premier choix de couleur est sur la face, le deuxième choix de couleur est au milieu et le troisième choix de couleur est en bas, ce qui est indiqué par 1 / 2 / 3. Dans la partie suivante, les trames de couleur sont interchangées et placées dans l'ordre 2 / 3 / 1. Dans la troisième partie, les trames de couleur sont à nouveau interchangées pour être dans l'ordre 3 /1 / 2.

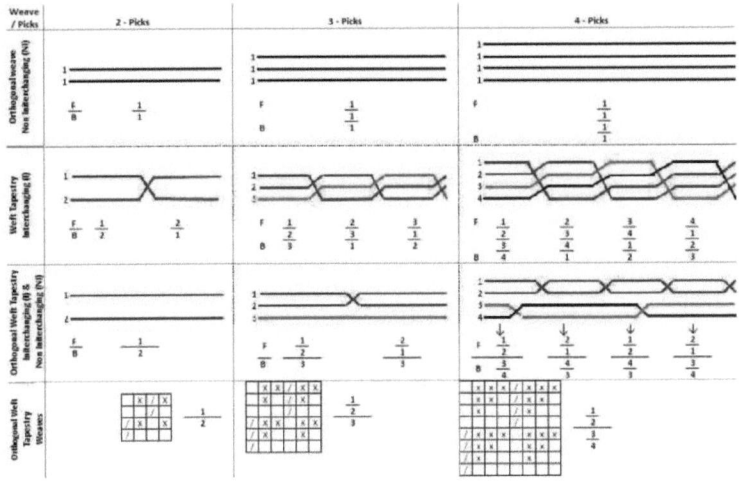

Fig. 2.1 - ID de trame d'une armure orthogonale, d'une armure tapisserie et d'une armure OWT

Ainsi, dans la tapisserie de trame, les couleurs et leurs échanges sont tout aussi importants. C'est ce que montre la troisième colonne et la troisième ligne de la figure 2.1. Le développement d'une nouvelle structure d'armure est basé sur l'idée de combiner les caractéristiques des structures d'armure orthogonale et de tapisserie de trame. Les caractéristiques combinées sont les suivantes : - Principe de non-interchangeabilité complète des armures orthogonales.

- Principe d'interchangeabilité complète des trames colorées dans la tapisserie de trame.

La nouvelle armure est donc appelée "tapisserie à trame orthogonale". Le nouveau concept de base du tissage OWT est le suivant.

Sur l'ensemble des pics, certains sont interchangeables et d'autres non ; certains pics sont interchangeables uniquement sur la face et d'autres uniquement sur le dos, sans interchangeabilité entre la face et le dos. Ces caractéristiques d'interchangeabilité et de non-interchangeabilité des trames, combinées à des couleurs et à des matériaux différents, aboutissent à la formation de deux couches distinctes pour la face et le dos, avec des parties figées indépendantes à différents endroits.

Cette base permet de créer deux effets / figures différents, l'un sur la face et l'autre sur l'envers d'un même tissu. Le diagramme d'entrelacement des trames orthogonales, des trames de tapisserie et des trames orthogonales de tapisserie formées avec deux, trois et quatre fils est donné dans la figure 2.1, respectivement en lignes et en colonnes, pour comprendre le principe de base.

2.2 Tissu OWT à deux pics

L'armure OWT à deux pics est la combinaison des caractéristiques de la structure orthogonale à deux pics et de la structure de tapisserie à deux pics qui sont illustrées aux deuxième, troisième et quatrième rangées - deuxième colonne de la figure 2.1. Le caractère non interchangeable des deux piquets de l'armure orthogonale est conservé tel quel, mais le caractère de la tapisserie consistant à utiliser des couleurs et/ou des matériaux différents est ajouté à ces deux piquets. Selon ce principe, la trame de la face (F) d'une couleur d'un matériau est soutenue par la trame de l'envers (B) d'une autre couleur du même matériau que celui de la face ou d'un autre matériau, sans qu'il y ait d'interchangement ni sur la face ni sur l'envers. La section transversale simple de cette structure est illustrée à la quatrième ligne et à la deuxième colonne de la figure 2.1.

L'armure de base du 2 Picks OWT (2P OWT) en 4 X 4 est donnée dans la partie supérieure de la Fig. 2.2. L'ébauche, le plan des chevilles, l'attache régulière et l'ordre de pressage de la pédale sont indiqués au centre. La chaîne se compose de deux séries, à savoir la chaîne de couture (st) et la chaîne de séparation (se), disposées dans l'ordre 1:1. Les extrémités numérotées 1 et 3 sont des extrémités de couture, qui cousent les deux fils ensemble dans un ordre alterné. Les extrémités

8

numérotées 2 et 4 sont les extrémités de séparation dans un ensemble. La marque '/' indique l'interlacement des extrémités de couture et la marque 'X' indique l'interlacement des extrémités de séparation. La chaîne de couture s'occupe de la couture de la face et de l'envers ainsi que du contrôle du flottement de la trame. La chaîne de séparation s'occupe de placer la trame dans leurs positions respectives. L'extrémité de séparation sépare les pics de face et les pics de dos pour former deux couches distinctes l'une au-dessus de l'autre. L'ordre de denture est de deux par dent, avec une extrémité de couture et une extrémité de séparation.

La chaîne de couture et la chaîne de séparation sont prises séparément dans deux ensouples. L'ensouple de couture est maintenue dans une tension légèrement lâche et l'ensouple de séparation est maintenue dans une tension modérée. Le relâchement de la tension de la chaîne de couture facilite la mise en place des pics et le maintien de deux pics l'un au-dessus de l'autre dans le tissu. Il en résulte la formation de deux couches distinctes de trame (face et dos) dont les couleurs sont indépendantes l'une de l'autre.

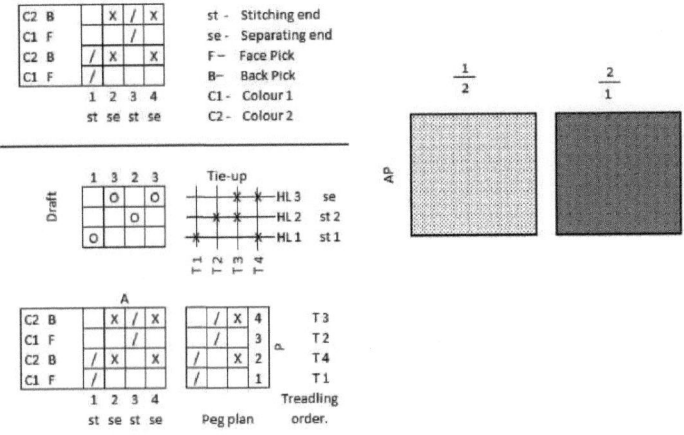

Fig. 2.2 - Conception, dessin et nouage régulier de l'armure OWT 2P

Le prélèvement est effectué avec deux couleurs de navette de trame, dans l'ordre 1:1. Les deux effets de couleur obtenus, l'un sur la face avant et l'autre sur la face arrière, sont indiqués à droite de la figure 2.2. Ce tissage nécessite 3 lisses et 4 pédales. 2 lisses sont utilisées pour actionner les extrémités de couture et 1 lisse pour séparer les extrémités. Comme il y a quatre piquages différents par répétition, il faut 4 pédales pour tisser avec un nouage régulier et un pressage par pédale unique pour chaque piquage.

L'OWT à 2 pics peut également être tissé à l'aide d'un système d'attache modifié au lieu d'un système d'attache normal. L'avantage du système de liage modifié est qu'il ne nécessite que 3 pédales pour le tissage au lieu de 4 pédales. Cependant, lorsque l'on utilise le système de liage modifié, il est nécessaire de presser deux pédales. Dans le système de liage modifié, les deux premières pédales sont utilisées pour soulever uniquement la lisse de couture. La première pédale ne soulève que la première lice de couture et la deuxième ne soulève que la deuxième lice de couture. La troisième pédale sert à soulever la lisse de séparation. L'ordre de pressage de l'attache modifiée et de la double pédale est indiqué à la figure 2.3.

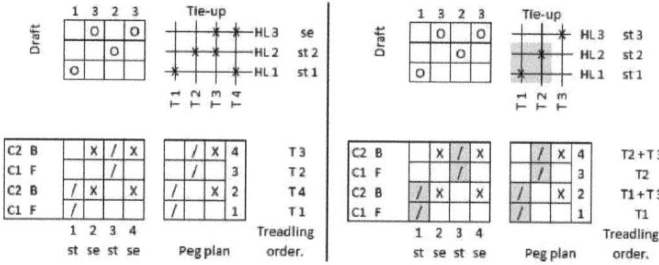

Fig. 2.3 - Attache régulière et modifiée de l'armure OWT 2P

Les diagrammes d'entrelacement de la chaîne et de la trame (ID) sont respectivement indiqués à droite et en bas du graphique d'armure de la figure 2.4. Le diagramme d'entrelacement de la trame pour les deux premiers fils est visible en haut et les deux fils suivants en bas. Le diagramme d'entrelacement de la chaîne pour les deux premières extrémités est visible à gauche et les deux extrémités suivantes à droite. D'après les diagrammes d'entrelacement de la chaîne et de la trame, il est clair que les extrémités de séparation restent droites en tant que couche unique au milieu et que les pics sont séparés pour rester dans leurs positions respectives en deux couches par les extrémités de séparation.

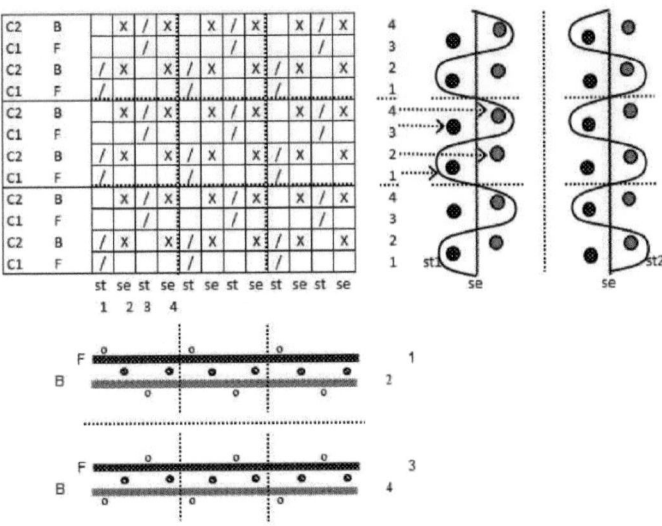

Fig. 2.4 - ID chaîne et trame de l'armure 2P OWT

2.3   Trois pics OWT Weave

L'armure OWT à trois brins est la combinaison des caractéristiques de la structure orthogonale à trois brins et de la structure de la tapisserie à trois brins qui sont illustrées aux deuxième, troisième et quatrième rangées - troisième colonne de la Fig. 2.1. Les deux armures de base de l'OWT à trois fils en 6 X 6 sont indiquées dans la partie supérieure de la Fig. 2.5.

Sur trois pics de couleurs différentes, deux pics de deux couleurs d'un même matériau s'interchangent pour former le fond et la figure sur la face. Ces deux piquants sont soutenus par le troisième piquant de couleur à l'arrière, sans qu'il y ait d'échange avec la face. La chaîne se compose de deux séries, à savoir la chaîne de couture (st) et la chaîne de séparation (se), disposées dans l'ordre 1:2. Les extrémités numérotées 1 et 4 sont des extrémités de couture qui cousent les trois fils ensemble dans un ordre alterné. Les extrémités numérotées 2 et 3 sont les extrémités de séparation dans un ensemble.

Sur les trois sélections par ensemble, les deux premières sont des sélections de visages, appelées sélections de visages au sol (Fg) et sélections de visages en silhouette (Ff). Les couleurs de ces deux pics de visage sont respectivement C1 et

11

C2. La troisième sélection est une sélection de dos, appelée sélection de dos (B). La couleur de ce pic à dos est C3. La trame arrière peut être soit du même matériau et de la même couleur que la face avant, soit d'un autre matériau et d'une autre couleur. La chaîne de couture permet de coudre la face et le dos ensemble et de contrôler le flottement de la trame. La chaîne de séparation s'occupe de placer la trame dans leurs positions respectives. Sur les deux bouts séparateurs de chaque ensemble, le premier bout séparateur sépare les pics de face Fg et Ff pour former le fond ou la figure de l'image de face sur le côté face. C'est pourquoi la première extrémité de séparation est appelée extrémité de séparation du visage (F se). La deuxième extrémité de séparation reste au centre et sépare les pics de face et les pics de dos pour former deux couches distinctes l'une au-dessus de l'autre. La deuxième extrémité de séparation est donc appelée extrémité de séparation centrale (C se). L'ordre de dentelage est de trois par dent, avec une extrémité de piquage et deux extrémités de séparation.

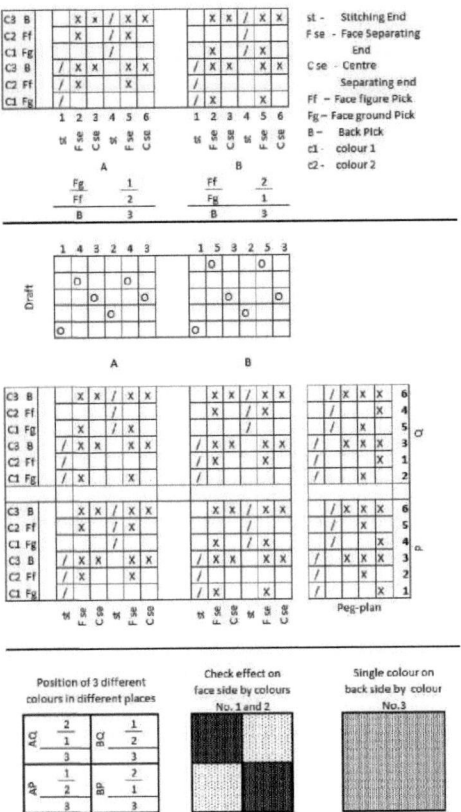

Fig. 2.5 - Dessin, ébauche, plan des chevilles et effet de couleur du tissage 3P OWT

La chaîne de couture et la chaîne de séparation sont prises séparément dans deux ensouples. L'ensouple de couture est maintenue en tension légèrement lâche et l'ensouple de séparation est maintenue en tension modérée. La tension lâche de la chaîne de couture facilite l'empilage des pics et le maintien de trois pics l'un au-dessus de l'autre dans l'étoffe. Il en résulte la formation de deux couches distinctes pour la face et le dos, avec des couleurs qui s'interchangent à différents endroits, indépendamment l'une de l'autre. Ce concept est à la base de la création d'un effet de dessin sur la face avant et d'un effet de couleur simple sur la face arrière.

Les armures A et B présentées dans la partie supérieure de la figure 2.5 montrent la formation de deux parties de tissu différentes avec trois fils de couleurs différentes dans l'armure OWT à 3 fils (3P). La première mèche est Fg, la deuxième est Ff, la troisième est B avec les couleurs 1, 2, 3 respectivement,

13

-   L'armure A en 6 X 6 correspond à la partie du tissu où le fond de l'image de face est en haut, en dessous duquel se trouve la pique arrière. L'effet de tissu est indiqué par **Fg** // **B** et par **1** // **3**. La position des pics à cet endroit est indiquée par Fg/Ff // **B** et également par 1/ 2 // **3**.

-   L'armure B en 6 X 6 correspond à la partie du tissu où la figure de l'image de face est en haut, en dessous de laquelle se trouve la pique arrière. L'effet de tissu est indiqué par **Ff** // **B** et par **2** // **3**. La position des pics à cet endroit est indiquée par Ff/Fg // **B** et également par 2/ 1 // **3**.

La section centrale de la figure 2.5 montre la disposition de l'ordre des trames A et B avec deux plans de chevilles différents P, Q pour former l'effet de contrôle sur la face avant. La cueillette se fait avec 3 couleurs de navette de trame, cueillies dans l'ordre 1:1. Dans la partie gauche de la section inférieure de la figure 2.5, les positions de trois piquets de couleurs différentes sont indiquées pour montrer la formation de l'effet de quadrillage sur la face avant et de l'effet de monochromie sur la face arrière. Elles correspondent aux tissages illustrés dans la section centrale de la figure 2.5.

Dans cette figure, AP indique la partie du tissu formée par l'ébauche A et le plan de chevillage P. De même, BQ est la partie du tissu formée par l'ébauche B et le plan de chevillage Q, et ainsi de suite. Les deux effets différents produits sur les deux faces sont indiqués respectivement au milieu et à droite de la partie inférieure de la figure 2.5. L'effet de quadrillage formé par les couleurs 1 et 2, sur la face, pendant le tissage, est illustré. L'effet de couleur unique obtenu par la couleur 3 sur la face arrière, pendant le tissage, est également illustré.

Le dessin, l'ébauche, le plan des chevilles, l'attache et le plan de pressage des pédales nécessaires au tissage de cet effet sont indiqués dans la figure 2.6. Cinq lisses et six pédales sont nécessaires pour tisser cet effet. 2 lisses sont utilisées pour actionner les extrémités de couture et 3 lisses pour les extrémités de séparation. Sur les 3 lisses pour les extrémités de séparation, une lisses est commune pour l'extrémité de séparation centrale. Les deux autres sont utilisées pour la séparation de la face afin de former la figure et la terre du côté de la face. Comme il y a six piquages différents par répétition, il faut 6 pédales pour tisser lorsque l'on utilise un liage régulier avec une pédale unique pour chaque piquage.

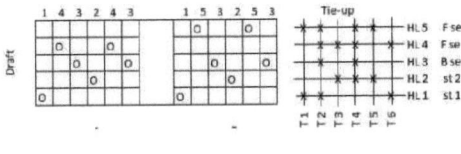

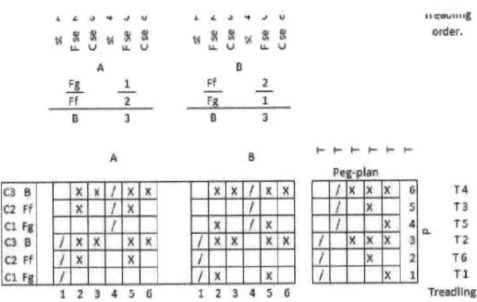

Fig. 2.6 - Attachement régulier de l'armure OWT 3P

L'OWT à 3 pics peut également être tissé à l'aide d'un système d'attache modifié au lieu d'un système d'attache normal. L'avantage du système de liage modifié est qu'il ne nécessite que 5 pédales pour le tissage au lieu de 6 pédales. Cependant, lorsque l'on utilise l'attache modifiée, il est nécessaire de presser deux pédales pour tous les fils. Dans le système de liage modifié, les deux premières pédales sont utilisées pour soulever uniquement les lisses de couture. La première pédale ne soulève que la première lice de couture et la seconde ne soulève que la deuxième lice de couture. Les trois autres pédales soulèvent les lisses de séparation en fonction des besoins. L'ordre de pressage de l'attache modifiée et de la double pédale est indiqué à la figure 2.7.

Les diagrammes d'entrelacement de la chaîne sont présentés à gauche et à droite du graphique d'armure de la Fig. 2.8. Le diagramme d'entrelacement de la chaîne pour AP, AQ est visible à gauche ; BP et BQ à droite. Les diagrammes d'entrelacement de la trame pour AP, BP sont donnés en premier en bas ; AQ et BQ sont donnés en second en bas. L'entrelacement de la chaîne montre clairement que les extrémités de séparation restent droites et forment deux couches. Les pics

15

sont séparés en trois couches par ces deux couches de séparation et restent dans leurs positions respectives. L'entrelacement de la trame montre clairement que les fils de fond et les fils de figure sont échangés sur la face avant et que les fils de fond restent toujours en bas.

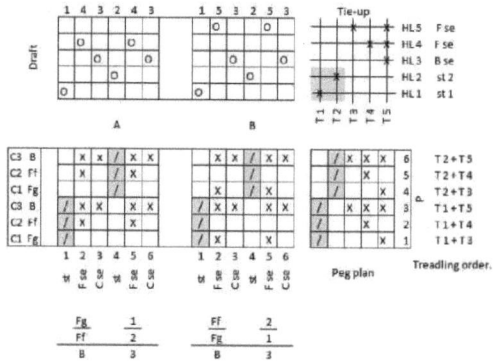

Fig. 2.7 - Attache modifiée de l'armure OWT 3P

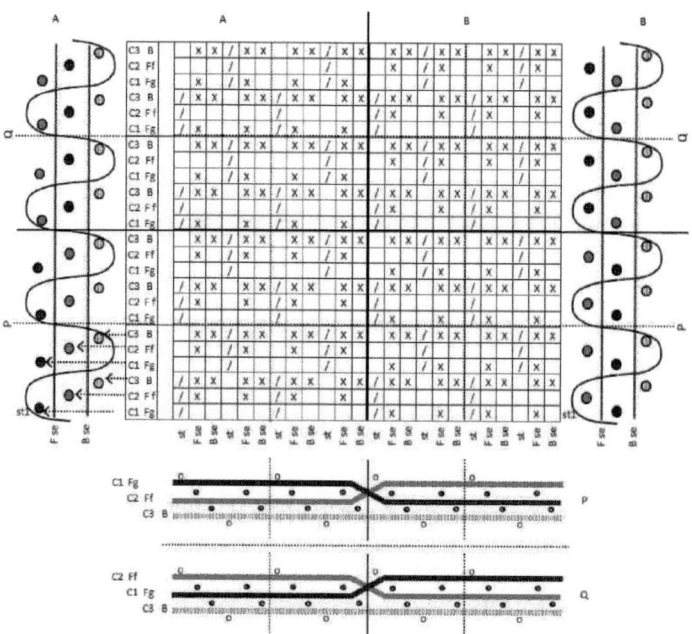

Fig. 2.8 - Conception, ID chaîne et trame de l'armure 3P OWT

2.4 Tissu OWT à quatre pics

L'armure OWT à quatre brins (4P) est la combinaison des caractéristiques de la structure orthogonale à quatre brins et de la structure de tapisserie à quatre brins qui sont représentées aux deuxième, troisième et quatrième rangées de la quatrième colonne de la Fig. 2.1. Le diagramme d'entrelacement des trames et les quatre armures correspondantes de l'armure OWT à quatre brins obtenue en combinant les deux armures ci-dessus sont présentés à la Fig. 2.9.

La chaîne se compose de deux séries, à savoir la chaîne de couture et la chaîne de séparation, disposées dans l'ordre 1:3. Les fils numérotés 1 et 5 sont des fils de couture, qui cousent les quatre fils ensemble dans un ordre alterné. Les extrémités numérotées 2, 3 et 4 sont des extrémités de séparation dans un ensemble. Sur les quatre pics d'un jeu, le premier et le deuxième sont des pics de visage formant respectivement le fond et la figure de l'image du visage. C'est pourquoi ces deux pics sont appelés Pointes visage-sol (Fg) et Pointes visage-figure (Ff). Les couleurs de ces deux sélections de visage sont respectivement C1 et C2. Les troisième et quatrième sélections sont des sélections de dos formant respectivement le fond et la figure de l'image de dos. Ces deux sélections sont donc appelées sélection de fond (Bg) et sélection de figure (Bf). Les couleurs de ces deux sélections sont C3 et C4.

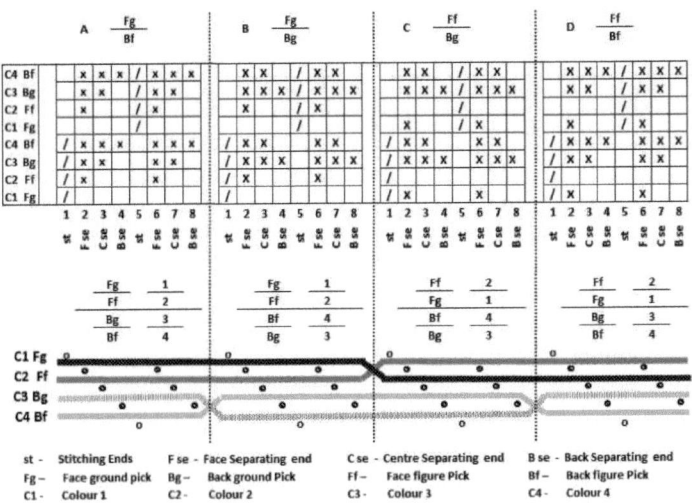

Fig. 2.9 - Dessin et ID de trame de l'armure OWT 4P

Sur les trois extrémités de séparation de chaque ensemble, la première extrémité sépare Fg et Ff pour former soit le fond, soit la figure de l'image du visage du côté du visage. Par conséquent, la première extrémité de séparation est appelée extrémité de séparation du visage (F se). La troisième extrémité de séparation sépare Bg et Bf pour former soit le fond, soit la figure de l'image du dos du côté du dos. Par conséquent, la troisième extrémité de séparation est appelée extrémité de séparation arrière (B se). La deuxième extrémité de séparation reste au centre et sépare les pics de face et les pics de dos pour former deux couches distinctes l'une au-dessus de l'autre. La deuxième extrémité de séparation est donc appelée extrémité de séparation centrale (C se). Cela permet de former deux couches distinctes pour la face et le dos, avec des couleurs qui s'interchangent à différents endroits, indépendamment l'une de l'autre. Ce concept est à la base de la formation de deux figures différentes, l'une sur la face et l'autre sur le dos. L'ordre des dentures est de quatre par dent, avec une extrémité de couture et trois extrémités de séparation. La chaîne de couture et les chaînes de séparation sont prises séparément dans deux ensouples. L'ensouple de couture est maintenue en tension légèrement lâche et l'ensouple de séparation est maintenue en tension modérée. La tension lâche de la chaîne de couture facilite l'emballage des pics et le maintien de quatre pics l'un au-dessus de l'autre dans l'étoffe.

Dans tout tissu figuré ordinaire produit par des structures telles que le satin, la tapisserie, le tissu double, etc. avec une seule image, le fond et la figure sont indépendants. C'est-à-dire que le fond est le fond sur la face et le dos ; la figure est la figure sur la face et le dos. Mais dans n'importe quelle partie du tissu Figured Face - Flip - Face produit par une tapisserie à trame orthogonale, le fond et la figure de l'image de la face sont superposés au fond ou à la figure de l'image de l'arrière. Il en résulte quatre parties différentes dans le tissu, à savoir Fg / Bf = A ; Fg / Bg = B ; Ff / Bg = C ; Ff / Bf = D.

Le diagramme d'entrelacement de trame présenté à la figure 2.10 montre la formation de quatre parties de tissu différentes de quatre couleurs différentes dans une tapisserie à trame orthogonale à quatre fils. Les répétitions de trame correspondantes de ces quatre parties sont indiquées dans le graphique en 8 X 8 avec l'indication des différentes extrémités et des piquants en série. La première mèche est Fg, la deuxième Ff, la troisième Bg et la quatrième Bf,

- La trame A en 8 X 8 correspond à la partie du tissu où le fond de l'image de face est en haut, en dessous duquel se trouve la figure de l'image de dos. L'effet du tissu est indiqué par **Fg // Bf** et par **1 // 4**. La position des pics à cet endroit est indiquée par Fg/Ff // **Bg/Bf** et aussi par 1/2 // **3/4**.

- La trame B en 8 X 8 correspond à la partie du tissu où le fond de l'image de face est en haut, en dessous duquel se trouve le fond de l'image de dos. L'effet du tissu est indiqué par **Fg // Bg** et par **1 // 3**. La position des pics à cet endroit est indiquée par Fg/Ff // **Bf/Bg** et aussi par 1/2 // **4/3**.

- La trame C en 8 X 8 correspond à la partie du tissu où la figure de l'image de face est formée en haut, en dessous de laquelle se trouve le fond de l'image de dos. L'effet du tissu est indiqué par **Ff // Bg** et par **2 // 3**. La position des pics à cet endroit est indiquée par Ff/Fg // **Bf/Bg** et aussi par **2/1 // 4/3**.

- La trame D en 8 X 8 correspond à la partie du tissu où la figure de l'image de face est formée en haut, sous laquelle se trouve la figure de l'image de dos. L'effet du tissu est indiqué par **Ff // Bf** et par **2 // 4**. La position des pics à cet endroit est indiquée par Ff/Fg // **Bg/Bf** et aussi par **2/1 // 3/4**.

La figure 2.10 montre l'agencement de quatre tissages différents pour former un effet de carreaux de grande taille sur une face et un effet de carreaux plus petits sur l'autre face. Pour ce faire, quatre ordres de trame différents (A, B, C et D) sont suivis, ainsi que quatre plans de chevillage différents (P, Q, R et S). Le piquage se fait avec 4 couleurs de navettes à 4 trames, choisies dans l'ordre 1:1.

La figure 2.11 montre le dessin, l'ébauche, le plan des chevilles, l'attache régulière et l'ordre de pressage des pédales d'un OWT à 4 pics. 7 lisses et 8 pédales sont nécessaires pour tisser cet effet. 2 lisses sont utilisées pour actionner les extrémités de couture et 5 lisses pour les extrémités de séparation. Sur les 5 lisses pour les extrémités de séparation, une lisses est commune pour l'extrémité de séparation centrale. Deux d'entre elles sont utilisées pour les extrémités de séparation de la face afin de former la figure et la terre du côté de la face. Les deux autres sont pour les extrémités de séparation arrière afin de former une figure et une masse sur le côté arrière. Comme il y a huit piquages différents par répétition dans l'OWT à 4 piquages, il faut 8 pédales pour tisser lorsque l'on utilise un liage régulier avec une pédale unique pour chaque piquage.

L'OWT à 4 pics peut également être tissé avec un système d'attache modifié au lieu d'un système d'attache normal. L'avantage du système de liage modifié est qu'il ne nécessite que 6 pédales pour le tissage au lieu de 7 pédales. Cependant, lorsque l'on utilise l'attache modifiée, il est nécessaire de presser deux pédales pour tous les fils. Dans le système de liage modifié, les deux premières pédales sont utilisées pour soulever uniquement les lisses de couture. La première pédale ne soulève que la première lice de couture et la seconde ne soulève que la deuxième lice de couture. Les quatre autres pédales sont utilisées pour soulever les lisses de couture.

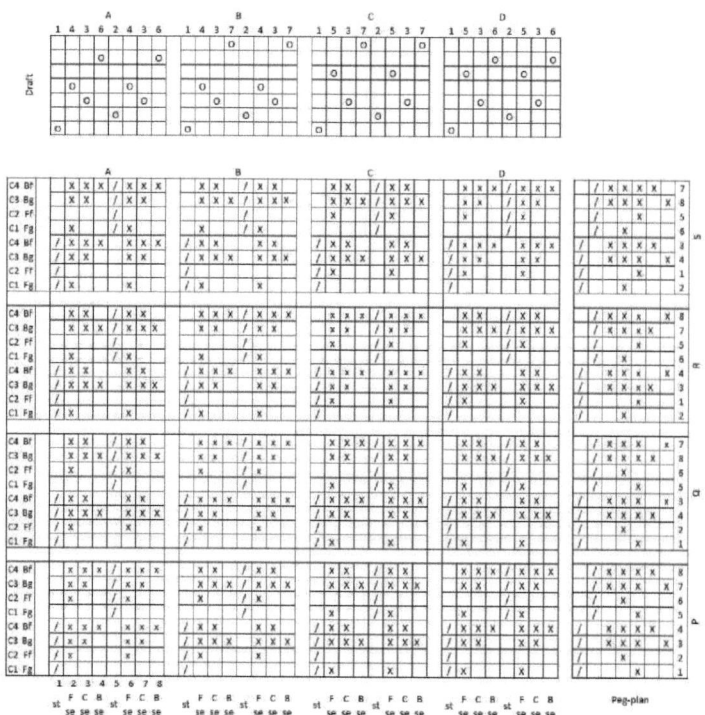

Fig. 2.10 - Projet et plan de chevillage d'une armure OWT 4P

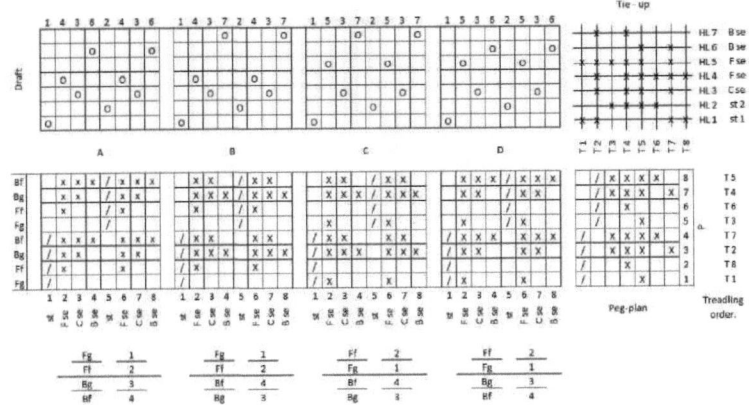

Fig. 2.11 - Attachement régulier d'un tissu OWT 4P

lisses de séparation selon les besoins. L'attache modifiée et la double pédale
L'ordre de pressage est indiqué à la figure 2.12.

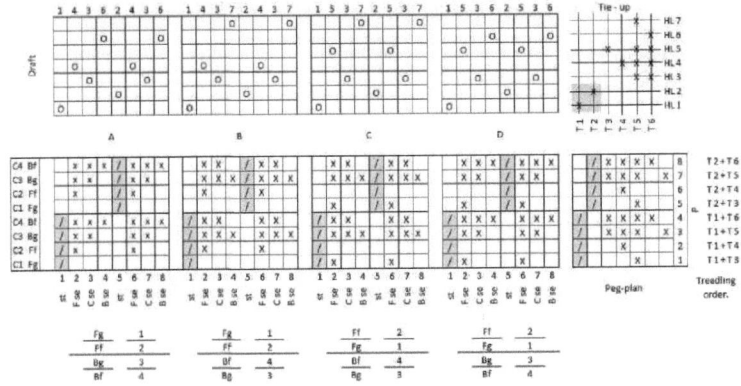

Fig. 2.12 - Attache modifiée de l'armure OWT 4P

Les positions de quatre pics de couleurs différentes à différents endroits sont
indiquées dans la partie gauche de la figure 2.13, qui correspondent aux armures
montrées dans la figure 2.10. Dans cette figure, AP indique la partie du tissu
formée par l'ébauche A et le plan de piquetage P. De même, BQ correspond à
l'ébauche B et au plan de piquetage Q, et ainsi de suite. Les deux effets de contrôle
différents produits sur les deux faces sont indiqués au milieu et à droite de cette
figure.

21

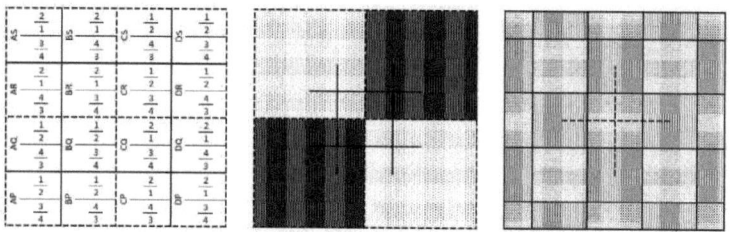

Fig. 2.13 - Positionnement des couleurs et vérification de l'effet de couleur du tissage 4P OWT

L'effet de gros carreaux formé par les couleurs 1 et 2, sur la face avant, pendant le tissage, est illustré. L'effet de couleur à petits carreaux formé par les couleurs 3 et 4, sur la face arrière, pendant le tissage, est également illustré. Les lignes pointillées sur l'effet de gros carreaux indiquent la ligne d'interchangement pour former le gros carreaux. Les lignes droites sur les Les lignes droites sur le grand chèque et les lignes pointillées sur le petit chèque indiquent la ligne d'interchangement pour former le petit chèque. Les lignes droites sur le grand damier et les lignes pointillées sur le petit damier indiquent la répétition de l'effet de superposition des deux faces. Cette partie est reprise dans la figure 2.10 pour décrire les structures de tissage à différents endroits.

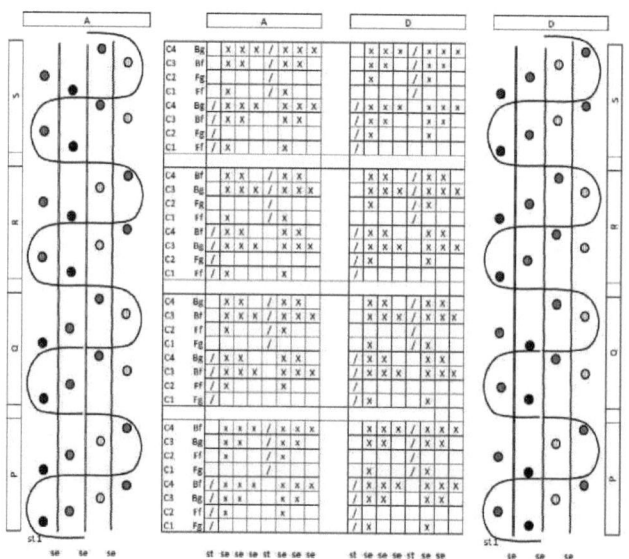

Fig. 2.14 - ID chaîne de l'armure OWT 4P

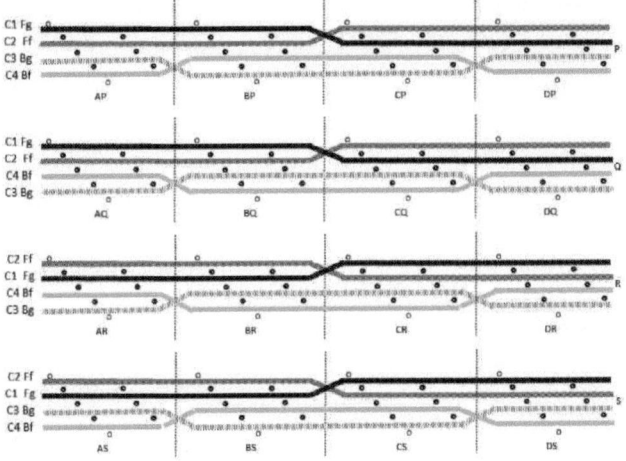

Fig. 2.15 - ID de trame de l'armure OWT 4P

Les diagrammes d'entrelacement de la chaîne sont présentés à gauche et à droite du graphique d'armure de la Fig. 2.14. Le diagramme d'entrelacement de la chaîne pour AP, AQ, AR et AS est visible à gauche ; DP, DQ, DR et DS à droite. L'entrelacement de la chaîne montre clairement que les trois couches d'extrémités de séparation restent droites et que les pics sont séparés en quatre couches par les extrémités de séparation qui restent dans leurs positions respectives. Le diagramme d'entrelacement de la trame pour P, Q, R et S est donné l'un en dessous de l'autre dans la Fig. 2.15. L'entrelacement de la trame montre clairement comment les fils de fond et les fils de figure sont échangés sur la face avant indépendamment de l'échange des fils de fond et des fils de figure sur la face arrière.

2.5 Structure et texture

La figure 2.16 compare le diagramme d'entrelacement de trame des structures OWT 2P, 3P et 4P et la figure 2.17 compare le diagramme d'entrelacement de chaîne des structures OWT 2P, 3P et 4P. Les coupes transversales des différentes structures OWT présentées aux figures 2.16 et 2.17 montrent que les extrémités et les pics d'un ensemble restent superposés.

Dans 2 picks OWT, dans le sens de la chaîne, deux bouts sont tirés dans une dent et deux picks restent l'un au-dessus de l'autre dans le sens de la trame. Avec

23

48^s , les fils sont tirés à raison de 2 par dent, ce qui donne 48 fils par pouce. Il y a 24 points de couture de 2/20^s et 24 points de séparation de 2/20^s -2ply. 12 points de couture sont visibles sur le côté face au-dessus du picot de face et 12 points de couture sont visibles sur le côté dos en dessous du picot de dos. Les 24 extrémités de séparation restent au centre, entre les aiguilles de face et les aiguilles de dos, et on ne voit donc pas d'extrémités de séparation, ni sur la face, ni sur le dos. Le nombre de picots par pouce est d'environ 24 sur 2^s - 2 plis. 12 pics de face restent sur la face avant et 12 pics sur la face arrière.

De même, dans 3 picks OWT, dans le sens de la chaîne, l'ensemble des trois extrémités dessinées dans une dent et les trois picks restent l'un au-dessus de l'autre dans le sens de la trame. Avec 48^s , le nombre de peignes tirés à 3 par dent, le nombre de fils par pouce est de 72. Il y a 24 fils de couture de 2/20^s et 48 fils de séparation de 2/20^s -2plis. 12 points de couture sont visibles sur le côté face au-dessus des picots de la face et 12 points de couture sont visibles sur le côté arrière sous les picots de l'arrière. Les 48 extrémités de séparation se divisent en deux ensembles de 24 extrémités chacun. La première série de 24 extrémités de séparation (face) se trouve entre les pics de face et les pics de figure et les sépare. La deuxième série de 24 extrémités de séparation (centre) se trouve entre les pics de face et les pics de dos et les sépare. Il n'y a donc pas d'extrémités séparatrices, ni sur la face, ni sur le dos. Le nombre d'aiguilles par pouce est d'environ 36 sur 2^s - 2 plis. Sur les 24 pics de face, 12 pics restent sur la face et 12 pics restent au milieu. 12 pics de dos restent en dessous de ces 24 pics de face.

De la même façon, dans le sens de la chaîne, quatre bouts sont tirés dans une dent et quatre bouts restent l'un au-dessus de l'autre dans le sens de la trame. Avec 48^s , le nombre de fils est de 4 par dent, ce qui donne 96 fils par pouce. Il y a 24 fils de couture de 2/20^s et 72 fils de séparation de 2/20^s -2plis. 12 points de couture sont visibles sur le côté face au-dessus des picots de la face et 12 points de couture sont visibles sur le côté arrière sous les picots de l'arrière. Les 72 extrémités de séparation se divisent en trois ensembles de 24 extrémités chacun. La première série de 24 extrémités de séparation (face) se trouve entre les pics de face et les pics de figure et les sépare. La deuxième série de 24 extrémités de séparation (centre) se trouve entre les pics de face et les pics de dos et les sépare. La troisième série de 24 extrémités de séparation (arrière) se trouve entre les pics de fond et les pics de figure arrière et les sépare. Les extrémités séparatrices ne sont donc visibles ni sur la face ni sur le dos. Le nombre de pics par pouce est d'environ 48 sur 2^s - 2 plis. 24 pics de face restent sur la face et 24 pics restent sur le dos. Sur les 24 aiguilles de la face, 12 aiguilles restent sur la face et 12 aiguilles restent au milieu. Sur les 24 aiguilles du dos, 12 aiguilles restent sur le côté du dos et 12 aiguilles restent au milieu.

D'après l'explication ci-dessus, il est clair que pour un compte donné, lorsque le nombre de couches augmente, le nombre de bouts et de piquants par pouce augmente également et, par conséquent, l'épaisseur et le poids du tissu augmentent également de manière correspondante. La figure 2.16 montre le diagramme d'entrelacement de trame de l'armure OWT à 2 fils, 3 fils et 4 fils, l'un sous l'autre, pour la même largeur de tissu, à savoir 1/3". L'augmentation du nombre de bouts par pouce est clairement visible sur ce diagramme. De même, la figure 2.17 montre le diagramme d'entrelacement de 2 aiguilles, 3 aiguilles et 4 aiguilles OWT l'une après l'autre, chacune pour la même longueur de tissu qui est de 1/3". L'augmentation du nombre de fils par pouce est clairement visible sur ce diagramme. Dans la structure OWT, les extrémités de séparation restent presque droites sans aucune ondulation. Mais les extrémités des coutures montent et descendent, comme le montre le diagramme d'entrelacement de la chaîne de la Fig. 2.17. Le pourcentage d'ondulation des extrémités de couture varie de 3 à 5 fois la longueur des extrémités de séparation. Il dépend de l'épaisseur de l'armure FFFF qui, à son tour, varie selon les armures OWT.

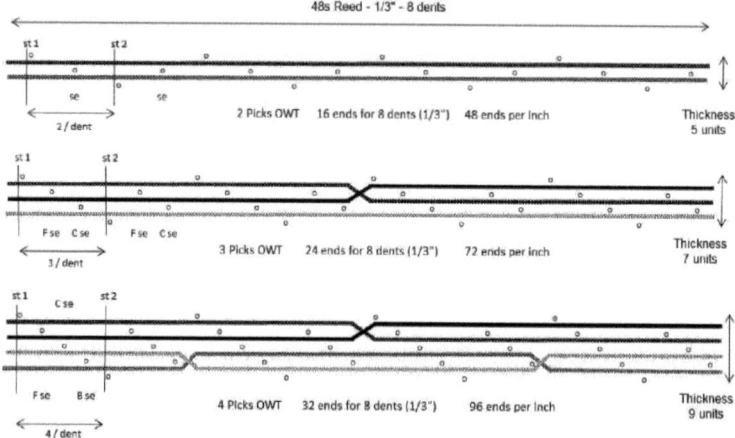

Fig. 2.16 - Comparaison de l'ID de trame des structures OWT 2P, 3P et 4P

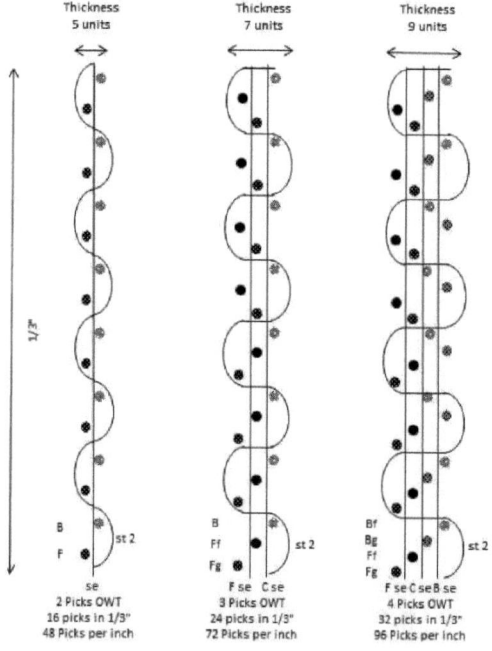

Fig. 2.17 - Comparaison de l'identification de la chaîne des structures OWT 2P, 3P et 4P

CHAPITRE 3

3. TISSU SIMPLE FACE - FLIP - FACE (SFFFF)

3.1 Variétés de SFFFF

Les tissages OWT sont utilisés pour produire des tissus "Simple Face - Flip - Face Fabrics (SFFFF)" à l'aide d'un dispositif de délestage de type heald treadle ou heald dobby. Les tissages OWT sont également utilisés pour produire des "tissus à face retournée figurée (FFFFF)" à l'aide d'une machine Jacquard combinée à un dispositif de délestage à lisses. Dans le SFFFF, les effets tels que la monochromie, la rayure verticale, la rayure croisée et l'effet de carreaux sont produits dans différentes permutations et combinaisons. Parmi ces quatre effets, l'un est utilisé pour la face et l'autre pour le dos. Dans FFFFF, deux figures peuvent être produites, l'une pour la face et l'autre pour le dos. Par ailleurs, les figures peuvent également être combinées avec des effets simples tels que l'unicolore, la rayure et l'effet de quadrillage.

FFFFF ne peut pas être produit en utilisant l'armure OWT à 2 fils, parce qu'avec seulement deux fils, il n'y a pas de possibilité d'interchanger la trame pour former une figure indépendamment sur l'endroit et sur l'envers. FFFFF peut être produit en utilisant l'armure OWT à 3 fils. Dans ce type d'armure, sur trois trames de couleurs différentes, deux trames de deux couleurs différentes s'interchangent pour former une figure sur la face avant et sont soutenues par la trame de la troisième couleur, sans interchangement avec la face avant, pour former un effet de couleur monochrome ou croisée sur la face arrière. Le tissu FFFFF est principalement produit à l'aide de l'OWT à 4 fils. Dans ce type de tissage, sur quatre trames de couleurs différentes, deux trames de deux couleurs différentes s'échangent pour former une figure sur la face avant et sont soutenues par les deux autres trames de couleur pour former une autre figure sur la face arrière, sans qu'il y ait d'interférence avec la face avant.

Au total, dix variétés différentes sont produites par le SFFFF, comme indiqué de A à J dans la figure 3.1. Chaque figure est présentée en deux parties. Le côté gauche montre une face du tissu et le côté droit une autre face du tissu. La FFSF est divisée en trois groupes. Il s'agit de la FFSF produite par 2 pics OWT, de la FFSF produite par 3 pics OWT et de la FFSF produite par 4 pics OWT. Mono /

Mono, Cross / Mono et Cross / Cross sont les trois effets produits par le tissage OWT à 2 brins. Ils sont indiqués en A, B et C sur la figure 3.1. Stripe / Mono, Check / Mono, Stripe / Cross et Check / Cross sont les quatre effets produits par l'OWT à 3 brins. Ils sont indiqués aux points D, E, F et G de la figure 3.1. Stripe / Stripe, Check / Stripe et Check / Check sont les trois effets produits par l'OWT à 4 pics. Ils sont indiqués en H, I et J sur la figure 3.1.

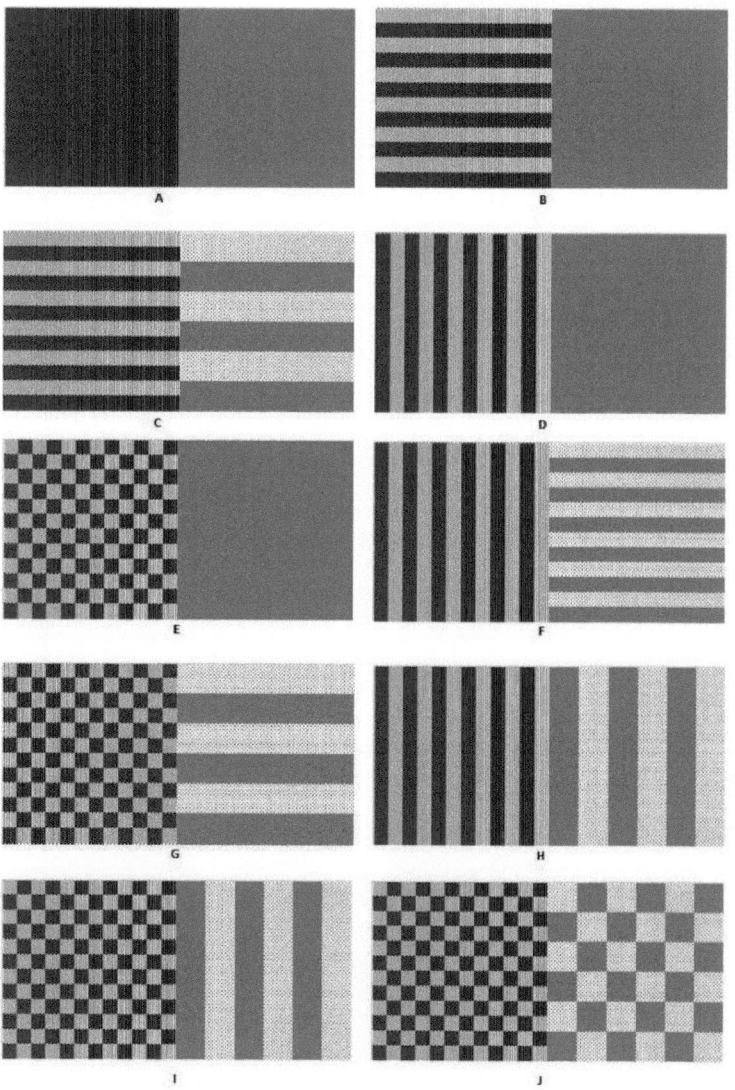

Fig. 3.1 - Dix variétés différentes de SFFFF

Le motif de la chaîne, le dessin, le bosselage et l'attache sont les mêmes pour chaque groupe. Les différents effets de chaque groupe sont produits en utilisant le foulage lisses - foulons en gardant le même plan de foulage mais en changeant l'ordre des couleurs. Dans le cas contraire, ils peuvent être produits à l'aide de la maille lisses - ratières, en conservant le même ordre de coloration mais en changeant le plan des chevilles.

3.2 SFFFF de 2 pics OWT Weave

Les différents effets de tissu diversifiés produits à partir de l'armure OWT à deux pics sont appelés "SFFFF de l'armure OWT 2P". Les trois effets différents produits sont les suivants : a) effet mono-couleur / effet mono-couleur, b) effet couleur croisée / effet mono-couleur et c) effet couleur croisée / effet couleur croisée. Ces trois effets différents sont illustrés aux points A, B et C de la figure 3.1. Les effets illustrés à gauche des figures A, B et C correspondent à une face qui est produite sur le côté de la face pendant le tissage. Les effets illustrés sur le côté droit des figures A, B et C représentent une autre face qui est produite sur la face arrière pendant le tissage. Le tableau 3.1 indique le dessin, le bosselage, le nombre de fils de chaîne et de trame et le motif de couleur de la trame pour tisser ces trois effets différents.

La gamme de comptage grossier est utilisée par exemple pour produire un tissu plus grossier. Le compte de la chaîne de couture est de $2/20^S$. Le compte de la chaîne de séparation est de $2/20^S$ - 2 plis. Le compte de la trame est de 2^S - 2 ply. Il convient de noter que l'ourdissage, l'ébauche, l'ordre de dentelage, la ligature et le plan de pressage à pédale sont les mêmes pour ces trois variétés. La différence réside uniquement dans le motif de coloration de la trame.

L'effet mono-couleur sur la face, soutenu par un autre effet mono-couleur, est appelé "effet mono-couleur / effet mono-couleur". Cet effet est produit par l'utilisation de deux navettes de deux couleurs différentes, l'une pour les pics de face afin de produire un effet monochrome sur la face et l'autre pour les pics de dos afin d'obtenir un autre effet monochrome sur la face arrière. Les matériaux utilisés pour les aiguilles de face et les aiguilles de dos peuvent être identiques ou différents. L'effet de couleur croisée sur la face, soutenu par un effet de couleur monochrome dénommé "effet de couleur croisée / effet de couleur monochrome" est produit en utilisant deux navettes de couleur pour les aiguilles de la face afin de tisser un effet de bande croisée sur la face et une navette d'une seule couleur pour les aiguilles du dos afin d'obtenir un effet de couleur monochrome sur le dos. Le matériau utilisé pour les aiguilles de face et les aiguilles de dos peut être identique ou différent.

Tableau 3.1 - Particularités de la mue régulière et modifiée pour le tissage SFFFF de 2P OWT Ct de chaîne (st) - 2/20ˢ ; Ct de chaîne (se) - 2/20ˢ (2ply) ; Ct de trame - 2ˢ (2ply)

Drafting - 1, 2 - heald carry st; 3 - heald carry se	Reed count (ends /dent)	Picks per inch	Weft Colours Face (F) Back (B)	Weft colour pattern No. of times Total picks	Tie-up - Regular, Modified & Treadle pressing plan
A. 2 Picks OWT weave - Mono colour effect / Mono colour effect (Fig. 3.1A)					
1, 3, 2, 3	48ˢ (2) (1 St 1 Se)	24 12 – F 12 – B	C1 – F C2 - B	Colour 1 = 1 pick Colour 2 = 1 pick	Regular
B. 2 Picks OWT weave - Cross over colour effect / Mono colour effect (Fig. 3.1B)					
1, 3, 2, 3	48ˢ (2) (1 St 1 Se)	24 12 – F 12 - B	C1 – F C2 – F C3 - B	C 1 : C 3 –12 times = 24 C 2 : C 3 –12 times = 24 Total picks per pattern = 48	Tie-up 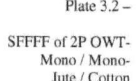 T1, T4, T2, T3
C. 2 Picks OWT weave - Cross over colour effect / Cross over colour effect (Fig. 3.1C)					Modified
1, 3, 2, 3	48ˢ (2) (1 St 1 Se)	24 12 – F 12 - B	C1 – F C2 – F C3 - B	C 1 : C 3 –12 times = 24 C 2 : C 3 –12 times = 24 Total picks per pattern = 48	Tie-up T1 T1 + T3 T2 T2 + T3

Source : Données primaires

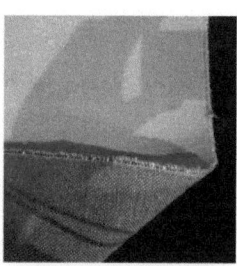

Plate 3.1 –

SFFFF of 2P OWT-
Mono / Mono-
Cotton / Cotton

Plate 3.2 –

SFFFF of 2P OWT-
Mono / Mono-
Jute / Cotton

Plate 3.3 –

SFFFF of 2P OWT-
Mono / Mono-
Wool / Cotton

Plate 3.4 –

SFFFF of 2P OWT-
Mono / Mono-
Viscose / Cotton

Il est également possible d'obtenir un effet de rayures croisées sur la face, soutenu par un autre effet de rayures croisées appelé "effet de couleurs croisées / effet de couleurs croisées" en utilisant deux navettes de couleur pour les pics de face afin de tisser un effet de rayures croisées sur la face et deux autres navettes de couleur différente pour les pics de dos afin d'obtenir un autre effet de couleurs croisées sur la face arrière, différent de celui de la face avant. Le matériau utilisé pour les pics de face et les pics de dos peut être identique ou différent. Les planches 3.1, 3.2, 3.3 et 3.4 montrent différents tissus SFFF tissés avec l'armure 2P OWT. La planche 3.1 est un tissu de fibres synthétiques discontinues de polyesters tissé avec un effet mono-couleur, doublé d'un effet mono-couleur en utilisant du coton sur les deux faces. La planche 3.2 montre un tapis de porte tissé avec du coton monochrome sur une face et du jute sur l'autre. Les combinaisons monochromes de coton et de laine et de coton et de viscose figurent respectivement sur les planches 3.3 et 3.4.

3.3   SFFFF de 3 pics OWT Weave

Les différents effets de tissu diversifiés produits à partir de l'armure OWT à trois brins sont appelés "SFFFF de l'armure OWT à trois brins". Les quatre effets différents produits sont les suivants : a) effet de couleur à rayures / effet de couleur monochrome, b) effet de couleur à carreaux / effet de couleur monochrome, c) effet de couleur à rayures / effet de couleur croisée et d) effet de couleur à carreaux / effet de couleur croisée. Ces quatre effets différents sont illustrés aux points D, E, F et G de la figure 3.1. L'effet illustré à gauche des figures D, E, F et G est une face qui est produite sur le côté de la face pendant le tissage. L'effet illustré à droite des figures D, E, F et G est une autre face qui est produite à l'arrière pendant le tissage.

Le tableau 3.2 indique le dessin, le bosselage, le nombre de fils de chaîne et de trame et le motif de couleur de la trame pour tisser ces quatre effets différents. La gamme de comptage grossier est utilisée par exemple pour produire un tissu plus grossier. Le nombre de points de la chaîne de couture est de $2/20^S$. Le compte de la chaîne de séparation est de $2/20^S$ -2 plis. Le compte de la trame est de 2^S -2 ply. L'ourdissage, l'étirage, l'ordre de dentelage, le nouage et le plan de pressage à pédale sont les mêmes pour ces quatre variétés. La seule différence réside dans la couleur de la trame.

L'effet de couleur à rayures sur la face avant, soutenu par un effet de couleur mono, est désigné par "Effet de couleur à rayures / Effet de couleur mono".

Tableau 3.2 - Particularités du délestage régulier et modifié pour le tissage SFFFF de 3P OWT

Ct de chaîne (st) - 2/20ˢ ; Ct de chaîne (se) - 2/20ˢ (2ply) ; St:Se-l:2 Ct de trame - 2ˢ (2ply)

Drafting 1, 2 heald carry st; 3, 4, 5 heald carry se	Reed count (ends / dent)	Picks per inch	Weft Colours Face (F) Back (B)	Weft colour pattern No. of times Total picks	Tie-up - Regular, Modified & Treadle pressing plan
D. 3 Picks OWT weave - Stripe effect / Mono colour effect (Fig. 3.1D)					
1, 4, 3, 2, 4, 3 –12 times – A	48ˢ (3)	36 24 – F 12 - B	C1 – F C2 - F C3 - B	Colour 1 = 1 pick Colour 2 = 1 pick Colour 3 = 1 pick	Regular
1, 5, 3, 2, 5, 3 –12 times - B					HL5 HL4 HL3 HL2 HL1
E. 3 Picks OWT weave - Check colour effect / Mono colour effect (Fig. 3.1E)					
1, 4, 3, 2, 4, 3 –12 times – A	48ˢ (3)	36 24 – F 12 - B	C1 – F C2 – F C3 - B	C 1 : C 2 : C 3 –12 times = 36 C 2 : C 1 : C 3 –12 times = 36 Total picks per pattern =72	HL5 HL4 HL3 HL2 HL1
1, 5, 3, 2, 5, 3 –12 times - B					T1, T6, T2, T5, T3, T4
F. 3 Picks OWT weave - Stripe colour effect / Cross over colour effect (Fig. 3.1F)					
1, 4, 3, 2, 4, 3 –12 times – A	48ˢ (3)	36 24 – F 12 - B	C1 – F C2 – F C3 – B C4 – B	C 1 : C 2 : C 3 –12 times = 36 C 1 : C 2 : C 4 –12 times = 36 Total picks per pattern =72	Modified HL5 HL4 HL3 HL2 HL1
1, 5, 3, 2, 5, 3 –12 times - B					
G. 3 Picks OWT weave - Check colour effect / Cross over colour effect (Fig. 3.1G)					
1, 4, 3, 2, 4, 3 –12 times – A	48ˢ (3)	36 24 – F 12 - B	C1 – F C2 – F C3 – B C4 – B	C 1 : C 2 : C 3 –12 times = 36 C 2 : C 1 : C 3 –12 times = 36 C 1 : C 2 : C 4 –12 times = 36 C 2 : C 1 : C 4 –12 times = 36 Total picks per pattern =144	T1 + T3 T1 + T4 T1 + T5 T1 + T4 T1 + T3 T1 + T5
1, 5, 3, 2, 5, 3 –12 times - B					

Source : Données primaires

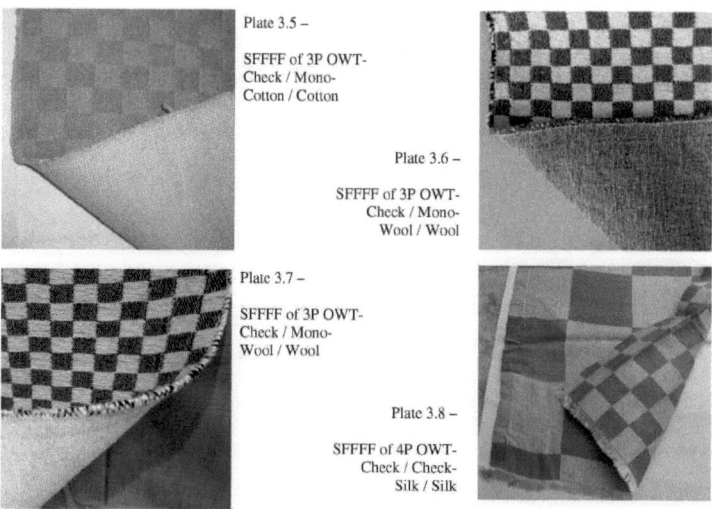

Plate 3.5 –

SFFFF of 3P OWT-
Check / Mono-
Cotton / Cotton

Plate 3.6 –

SFFFF of 3P OWT-
Check / Mono-
Wool / Wool

Plate 3.7 –

SFFFF of 3P OWT-
Check / Mono-
Wool / Wool

Plate 3.8 –

SFFFF of 4P OWT-
Check / Check-
Silk / Silk

Il est produit en utilisant des navettes bicolores pour les picots de face afin de tisser un effet de bande sur le côté face et des navettes unicolores pour les picots de dos afin de former un dos à effet unicolore, sans aucun changement avec le côté face. Le matériau utilisé pour les aiguilles de face et les aiguilles de dos peut être identique ou différent. L'effet de quadrillage sur la face avant, doublé d'un effet de monochromie, appelé "effet de quadrillage / effet de monochromie", est obtenu en utilisant des navettes bicolores pour les aiguilles de la face avant afin de tisser l'effet de quadrillage sur la face avant et des navettes unicolores pour les aiguilles de la face arrière afin de former un support à effet de monochromie, sans aucune interférence avec la face avant. Les matériaux utilisés pour les aiguilles de face et les aiguilles de dos peuvent être identiques ou différents. L'effet de rayures sur la face avant, soutenu par un effet de couleurs croisées, appelé "effet de rayures / effet de couleurs croisées", est obtenu en utilisant deux navettes de couleur pour la face avant afin de tisser un effet de rayures sur la face avant et deux autres navettes de couleur pour la face arrière afin de former un support à effet de couleurs croisées, sans aucune interférence avec la face avant. Le matériau utilisé pour les aiguilles de la face et du dos peut être identique ou différent.

L'effet de couleur à carreaux sur la face avant, soutenu par un effet de couleur croisée dénommé "effet de couleur à carreaux / effet de couleur croisée" est produit en utilisant deux navettes de couleur pour les pics de la face avant afin de tisser un effet de carreaux sur la face avant et d'autres navettes de deux couleurs pour les pics de la face arrière afin de former un effet de couleur croisée sur la face arrière, sans aucune interférence avec la face avant. Le matériau utilisé pour les aiguilles de face et les aiguilles de dos peut être identique ou différent.

Les planches 3.5, 3.6 et 3.7 montrent différents tissus pour tissus à fibres synthétiques discontinues tissés avec l'armure 3P OWT. La planche 3.5 est un tissu SFFF tissé avec un effet de couleur à carreaux soutenu par un effet de couleur monochrome en utilisant du coton pour les deux faces. Le tapis de porte tissé avec un effet de couleur à carreaux soutenu par un effet de couleur unique en utilisant de la laine sur les deux faces est présenté dans la planche 3.6. Le tapis de porte tissé avec un effet de couleur à carreaux soutenu par un effet de couleur mono en utilisant de la laine d'un côté et du coton de l'autre se trouve sur la planche 3.7.

3.4   SFFFF de 4 pics OWT Weave

Les différents effets diversifiés de l'armure OWT à quatre pics utilisant la mue de la lisse sont appelés " SFFFF - 4P OWT Weave " (armure OWT à quatre pics). Les trois effets différents produits sont a) Effet de couleur de bande / Effet de couleur de bande, b) Effet de couleur de carreaux / Effet de couleur de bande et c) Effet de couleur de carreaux / Effet de couleur de carreaux. Ces trois effets différents sont illustrés aux points H, I et J de la figure 3.1. L'effet illustré à gauche des figures H, I et J est une face qui est produite sur le côté de la face pendant le tissage. L'effet illustré à droite des figures H, I et J est une autre face qui est produite à l'arrière pendant le tissage. Le tableau 3.3 indique le dessin, le bosselage, le nombre de fils de chaîne et de trame et le motif de couleur de la trame pour tisser ces trois effets différents. La gamme de comptage grossier est prise comme exemple pour produire un tissu plus grossier. Le nombre de points de la chaîne de couture est de $2/20^S$. Le compte de la chaîne de séparation est de $2/20^S$ - 2 plis. Le compte de la trame est de 2^S - 2 ply. Il convient de noter que l'ourdissage, l'étirage, l'ordre de dentelage, la ligature et le plan de pressage à pédale sont les mêmes pour ces trois variétés. La différence réside uniquement dans le motif de coloration de la trame.

L'effet de couleur rayée sur la face, soutenu par d'autres effets de couleur rayée différents, appelé "effet de couleur rayée / effet de couleur rayée", est produit en utilisant deux navettes de couleur pour les pics de la face afin de tisser un effet de rayure sur la face et deux navettes pour les pics du dos dans d'autres deux couleurs différentes afin de former une couleur rayée différente sur le côté du dos. Les aiguilles de la face arrière ne sont pas interchangeables avec les aiguilles de la face avant. Le matériau utilisé pour les aiguilles de face et les aiguilles de dos peut être identique ou différent. L'effet de quadrillage sur la face avant, accompagné d'un effet de rayures différentes, désigné par "effet de quadrillage / effet de rayures", est obtenu en utilisant des navettes de deux couleurs différentes pour les aiguilles de la face avant afin de tisser un effet de quadrillage sur la face avant et deux navettes de deux couleurs différentes pour les aiguilles de la face arrière afin de former des rayures de couleurs différentes sur la face arrière. Les aiguilles de la face arrière ne sont pas interchangeables avec les aiguilles de la face avant. Le matériau utilisé pour les aiguilles de face et les aiguilles de dos peut être identique ou différent.

L'effet de couleur à carreaux sur la face, soutenu par un autre effet de couleur à carreaux, appelé "effet de couleur à carreaux / effet de couleur à carreaux", est produit en utilisant des navettes de deux couleurs différentes pour les pics de la face afin de tisser un effet de carreaux sur la face et deux navettes de deux couleurs différentes pour les pics du dos afin de former un autre effet de couleur à carreaux sur le côté du dos. Les aiguilles de la face arrière ne sont pas interchangeables avec les aiguilles de la face avant. Le matériau utilisé pour les aiguilles de face et les aiguilles de dos peut être identique ou différent. La planche 3.8 montre un tissu de soie fine SFFF de 4P OWT tissé sur les deux faces avec un effet de carreaux plus grands soutenu par un effet de carreaux plus petits.

Tableau 3.3 - Particularités de la mue régulière et modifiée pour le tissage SFFFF de 4P OWT Ct de chaîne (st) - 2/20^s ; Ct de chaîne (se) - 2/20^s (2ply) ; Ct de trame - 2^s (2ply)

Drafting 1, 2 heald carry st; 3, 4, 5, 6, 7 carry se	Reed count (ends / dent)	Picks per inch	Weft Colours Face (F) Back (B)	Weft colour pattern No. of times Total picks	Tie-up - Regular, Modified & Treadle pressing plan
H. 4 Picks OWT weave -	**Stripe colour effect / Stripe colour effect (Fig. 3.1H)**				
1, 4, 3, 6, 2, 4, 3, 6 –12 times – A	48^s	48	C1 – F	Colour 1 = 1 pick	
1, 4, 3, 7, 2, 4, 3, 7 – 12 times – B	(4)	24 – F	C2 – F	Colour 2 = 1 pick	
1, 5, 3, 7, 2, 5, 3, 7 – 12 times – C		24 - B	C3 – B	Colour 3 = 1 pick	
1, 5, 3, 6, 2, 5, 3, 6 –12 times – D	(1 St 3Se)		C4 – B	Colour 4 = 1 pick	
I. 4 Picks OWT weave - Check colour effect / Stripe colour effect (Fig. 3.1I)					
1, 4, 3, 6, 2, 4, 3, 6 – 12 times – A	48^s	48	C1 – F	C 1 : C 2 : C 3 : C 4 -12 times = 48	Regular
1, 4, 3, 7, 2, 4, 3, 7 – 12 times – B	(4)	24 – F	C2 – F	C 2 : C 1 : C 4 : C 3 -12 times = 48	T1, T8, T2, T7
1, 5, 3, 7, 2, 5, 3, 7 – 12 times – C	(1 St	24 - B	C3 – B	Total picks per pattern = 96	T3, T6, T4, T5
1, 5, 3, 6, 2, 5, 3, 6 –12 times – D	3Se)		C4 – B		
J. 4 Picks OWT weave - Check colour effect / Check colour effect (Fig. 3.1J)					
1, 4, 3, 6, 2, 4, 3, 6 –12 times – A		48	C1 – F	C 1 : C 2 : C 3 : C 4 -12 times = 48	
1, 4, 3, 7, 2, 4, 3, 7 – 12 times – B	48^s	24 – F	C2 – F	C 1 : C 2 : C 4 : C 3 -12 times = 48	
1, 5, 3, 7, 2, 5, 3, 7 – 12 times – C	(4)	24 - B	C3 – B	C 2 : C 1 : C 3 : C 4 -12 times = 48	
1, 5, 3, 6, 2, 5, 3, 6 –12 times – D			C4 – B	C 2 : C 1 : C 4 : C 3 -12 times = 48	Modified
	(1 St			Total picks per pattern = 192	T1 + T3, T1 + T4
	3Se)				T1 + T5, T1 + T6
					T2 + T3, T2 + T4
					T1 + T5 T2 + T6

Source : Données primaires

CHAPITRE 4

4. MUE À DEUX ÉTAGES (DDS) - HEALDS

4.1 Signification du délestage à deux étages

Toutes les variétés de tissu simple face-face-face-face-face qui sont produites par le foulage à la lisses avec des attaches régulières et modifiées, peuvent également être tissées à l'aide de l'outil de tissage à la lisses-face-face-face.

1. La technique du "Double Decker Shedding" (DDS) avec une cueillette ordinaire.

2. La technique de prélèvement et de délestage à deux étages (DDSP)

Le tissage à deux étages signifie qu'à une hauteur donnée du peigne, deux étages sont formés l'un au-dessus de l'autre avec trois couches de feuilles de chaîne. Cela permet d'insérer deux pics l'un après l'autre ou simultanément, comme le montre la figure 4.1. Un type spécial d'étirage est utilisé dans les lisses ou les harnais pour former simultanément deux voiles l'un au-dessus de l'autre. Deux navettes l'une après l'autre, dans l'ordre des prises, sont insérées par le biais d'une prise de navette ordinaire. Dans la technique DDSP (Double Decker Shedding and Picking), un nouveau couloir à deux étages, équipé d'une boîte à navettes et de cueilleurs spéciaux, est utilisé en même temps que le délestage à deux étages. Grâce à ce chariot spécial, deux navettes sont propulsées simultanément l'une au-dessus de l'autre. Deux pics sont insérés en même temps dans les deux fentes formées par le délestage à deux étages. Si les lisses sont mises en place avec une maille à deux étages, elles sont désignées par DDSH et si le jacquard est mis en place avec une maille à deux étages, il est désigné par DDSJ.

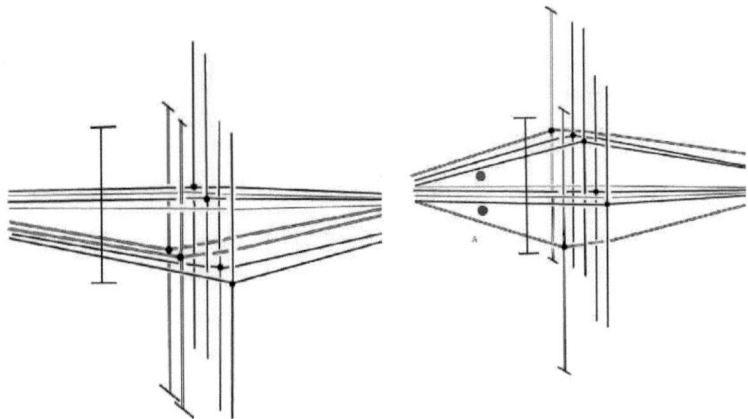

Fig. 4.1 - Délestage à deux étages

4.2 . DDS - Healds of 2 Picks OWT Weave

4.2.1 Dérivation de la méthodologie

L'analyse du diagramme de tissage et d'entrelacement de l'OWT à 2 pics permet d'observer les points suivants.

- Pour la pioche de face, l'extrémité de séparation est toujours vers le bas. Pour le prélèvement sur le dos, l'extrémité de séparation est toujours vers le haut. Pour la première série d'aiguilles de face et d'aiguilles de dos, la première extrémité de couture est en haut et la seconde en bas. Pour la deuxième série de piquage de face et de piquage de dos, la deuxième extrémité de couture est en haut et la première en bas.

L'analyse ci-dessus permet de dégager les concepts suivants.

- En maintenant l'extrémité de séparation au milieu du roseau et en déplaçant uniquement l'extrémité de couture vers le haut et vers le bas, on obtient la formation de deux mèches l'une au-dessus de l'autre dans la hauteur donnée du roseau.

- En superposant les deux manches, on insère simultanément une aiguille de face dans la manche supérieure et une aiguille de dos dans la manche inférieure. Au moment de l'insertion de ces deux aiguilles, une extrémité de la couture est maintenue vers le haut et l'autre vers le bas. La fois suivante, les extrémités de la couture sont inversées.

37

- La formation de deux hangars l'un au-dessus de l'autre s'appelle "Double Decker Shedding (DDS)". L'insertion simultanée de deux pics l'un au-dessus de l'autre est appelée "Double Decker Picking (DDP)" et, ensemble, "Double Decker Shedding and Picking (DDSP)".

- L'abri inférieur est formé avec des extrémités de couture comme couche inférieure et des extrémités de séparation comme couche supérieure. Simultanément, la bâche supérieure est formée avec les extrémités de séparation comme couche inférieure et les extrémités de couture comme couche supérieure. Comme les extrémités de séparation doivent toujours être maintenues au milieu sans aucun mouvement, elles n'ont pas besoin de lisses pour fonctionner.

- Par conséquent, l'OWT à 2 pics peut être tissé en ayant seulement 2 lisses pour les extrémités de couture et aucune lisse pour les extrémités de séparation en DDS, au lieu des 3 lisses requises dans la méthode de délestage ordinaire.

- Plus de deux pédales suffisent pour actionner les extrémités de couture vers le haut et vers le bas dans un ordre alternatif pour l'insertion de deux pics à la fois en DDP, au lieu des 4/3 pédales requises dans les méthodes de liage ordinaires / modifiées respectivement.

4.2.2   Technique de conception et de délestage

Les étapes de la mise en place du métier à tisser pour tisser 2 pics OWT pour former le DDS sont décrites ci-dessous. La chaîne de couture et la chaîne de séparation sont prises dans deux ensouples séparées. Le rapport entre la chaîne de couture et la chaîne de séparation est de 1:1. La chaîne de couture est en simple épaisseur, tandis que la chaîne de séparation peut être en 2 ou 3 épaisseurs. Le dessin est indiqué par 1, 2, 3, 4 = 1, |, 2, | ; c'est-à-dire st, se, st, se = HL1, ||, HL2, ||

La représentation ci-dessus de l'ordre de tirage indique que les quatre extrémités numérotées en série 1, 2, 3, 4 sont tirées dans deux lisses. Le symbole '|' ou '||' indique que l'extrémité séparatrice particulière de la séquence est prise directement entre les fils sans tirer dans les fils d'aucune lice.

2 lisses sont mises en place avec un simple mouvement d'inversion du rouleau. Les extrémités de couture sont tirées à travers ces deux lisses et les

extrémités de séparation sont simplement tirées entre les fils de lisses, comme indiqué ci-dessous. Le premier fil de couture (st 1) est tiré à travers le premier fil de lisse de la première lisse. L'extrémité de séparation à deux plis (se) est simplement prise entre le premier fil de lisse de la première lisse et le premier fil de lisse de la deuxième lisse. La deuxième extrémité de couture (st 2) est tirée à travers le premier fil de lisse de la deuxième lisse. L'extrémité de séparation suivante de 2 plis (se) est simplement prise entre le premier fil de lisse de la deuxième lisse et le deuxième fil de lisse de la première lisse. L'étirage se poursuit de la même manière, comme le montre la figure 4.2.

Une fois l'ébauche terminée, la denture est effectuée dans l'ordre de deux par dent, c'est-à-dire une extrémité de piquage et une extrémité de séparation dans une dent. La hauteur du roseau est un peu plus du double de la hauteur de la navette utilisée. On utilise un roseau de 4" de hauteur si la hauteur de la navette est de 1,5" (2 X 1,5" + 1"). L'anche de 3" est utilisée si la hauteur de la navette est de 1" (2 X 1" + 1").

La figure 4.2 montre le dessin, l'ébauche, le plan de chevillage, l'attache, l'ordre de pressage de la pédale et l'ordre de prélèvement pour tisser 2 fils OWT, en utilisant 2 lisses et 2 pédales selon les principes DDS et DDP. La marque '/' figurant au-dessus de l'ombrage clair indique l'entrelacement des extrémités de couture et la marque 'X' figurant au-dessus de l'ombrage foncé indique l'entrelacement des extrémités de séparation réalisé par DDS sans l'opération des lisses. Il n'y a pas d'autre marque que celle située au-dessus de la partie ombrée. Il est donc clair que le délestage est réalisé simplement en actionnant les lisses de couture.

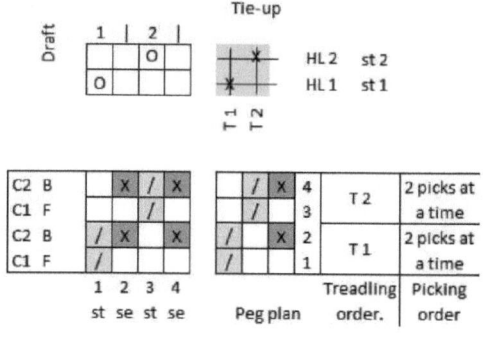

Fig. 4.2 - Tissage, ébauche et ligature pour DDSH et DDP pour tisser 2P OWT

Les lisses sont réglées de manière à ce que toutes les extrémités de la couture se trouvent au centre de l'anche pour former une mue fermée au centre. Un dosseret séparé à la position de la tige de location est utilisé sous les extrémités de séparation. La hauteur du dossier des extrémités de séparation est ajustée pour maintenir toutes les extrémités de séparation au centre du roseau avec les extrémités de couture. Les deux lisses (HL1 et HL2) sont reliées par deux pédales directement à la base. En raison du mouvement de renversement du rouleau au centre fermé, lorsque la première pédale est enfoncée, la première lice de piquage (HL1) se déplace vers le haut avec toutes les extrémités de piquage impaires (st 1) jusqu'au sommet de l'anche, formant ainsi la couche supérieure. En même temps, la deuxième lice de piquage (HL 2) descend avec toutes les extrémités de piquage paires (st 2) vers le bas du roseau, formant ainsi la couche inférieure. Les extrémités de séparation de 2 plis (se) restent au centre du roseau sans être modifiées, formant la couche centrale entre la couche supérieure et la couche inférieure, car elles ne se trouvent ni dans la première lice, ni dans la deuxième lice. Ainsi, deux étages de hangars - le hangar inférieur et le hangar supérieur - sont formés l'un au-dessus de l'autre.

La couche supérieure de l'étoffe supérieure est formée par les extrémités de couture impaires (st 1) et la couche inférieure est formée par les extrémités de séparation. Cette couche d'extrémités séparatrices constitue également la couche supérieure de l'étoffe de fond. La couche inférieure de la nappe inférieure est formée par les extrémités paires (st 2). La première nappe formée est illustrée à la figure 4.3.

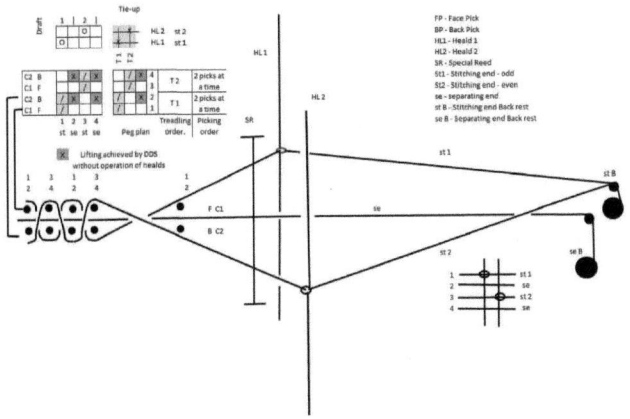

Fig. 4.3   -Insertion d'un premier et d'un second pic de DDSH pour tisser un OWT 2P

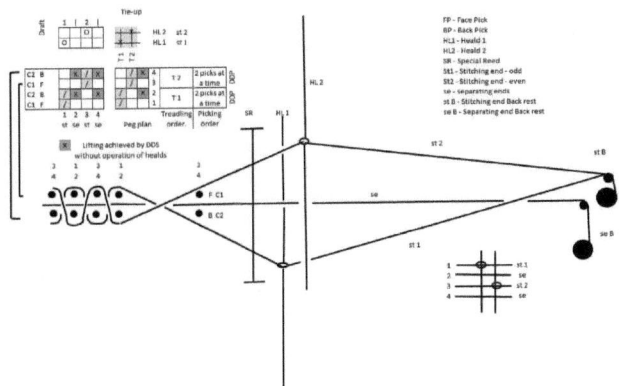

Fig. 4.4   -Insertion de la troisième et de la quatrième mèche de DDSH pour tisser 2P OWT

Deux navettes avec deux trames différentes sont utilisées. La première navette est lancée dans le hangar supérieur, de gauche à droite. Cette cueillette devient la première cueillette de face. De la même manière, une autre navette est lancée dans la foule du bas, de gauche à droite. Ce pic devient le premier pic arrière. Les pics de face et de dos ainsi insérés sont battus simultanément jusqu'à ce que le tissu tombe. Après avoir battu les deux pics, on appuie sur une autre

41

pédale. Maintenant, la deuxième lice (HL 2) avec les extrémités paires (st 2) est soulevée au sommet du roseau pour former la couche supérieure et simultanément la première lice (HL 1) avec les extrémités impaires (st 1) est abaissée pour former la couche inférieure. Comme précédemment, les extrémités de séparation des deux plis (se) restent au centre du roseau sans être modifiées, formant la couche centrale entre la couche supérieure et la couche inférieure, ce qui donne le prochain hangar à deux étages opposé. Le deuxième hangar formé est illustré à la figure 4.4.

La première navette qui a été lancée dans le hangar supérieur de gauche à droite est à nouveau lancée dans le hangar supérieur de droite à gauche. Cette pioche devient la deuxième pioche de face. La deuxième navette qui a été lancée dans le hangar du bas de gauche à droite est à nouveau lancée dans le hangar du haut de droite à gauche. Ce pic devient le deuxième pic arrière. Les pics de face et de dos ainsi insérés sont battus ensemble simultanément jusqu'à la chute du tissu. Ainsi, lors du tissage à 2 mèches OWT, l'insertion de quatre mèches (deux mèches de face et deux mèches de dos) par répétition du tissage est complétée par deux fois la mue à deux étages (DDS) avec quatre fois la mèche de navette jetée.

Étant donné que la hauteur totale du roseau est de 3" à 4", chaque bosse est formée à une profondeur de 1" à 2", ce qui facilite l'insertion de la navette sans aucune difficulté. Les extrémités de séparation en tension normale, qui forment la couche centrale, agissent comme une planche de course pour l'étage supérieur et facilitent l'insertion de la navette à travers l'étage supérieur. De même, les extrémités des coutures qui sont ramenées au contact de la planche de course servent de course inférieure pour le pont inférieur et facilitent l'insertion d'une autre navette. La planche 4.1 montre deux ensouples, l'une pour piquer la chaîne et l'autre pour la séparer. Le mouvement simple du rouleau inverseur est illustré sur la planche 4.2. La formation de l'écheveau à deux étages est clairement visible sur la planche 4.3 et la cueillette des navettes à double jetée sur la planche 4.4. Le tableau 4.1 indique le dessin, le bosselage, le nombre de fils de chaîne et de trame et le motif de couleur de la trame pour tisser trois variétés différentes de tissu SFFFF en armure OWT à 2 brins.

Plate 4.1 –

Double beam
for OWT

Plate 4.3 –

Double Decker
Shedding
for 2P OWT

41

Plate 4.2 –

Reversing roller
motion
for 2P OWT

Plate 4.4 –

Double throw
shuttles picking
for 2P OWT

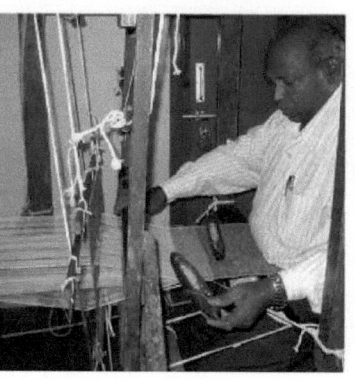

Tableau 4.1 - Particularités de la maille à deux étages pour le tissage SFFFF de 2P OWT Ct de chaîne (st) - 2/20ˢ ; Ct de chaîne (se) - 2/20ˢ (2ply) ; Ct de trame - 2ˢ (2ply)

Drafting - 1, 2 - heald carry st; || indicates the end is taken directly without drawing in the heald wire.	Reed count (ends /dent)	Picks per inch	Weft Colours Face (F) Back (B)	Weft colour pattern No. of times Total picks	Tie-up & Treadle pressing plan
A. 2 picks OWT weave - Mono colour effect / Mono colour effect (Fig. 3.1 A)					
1, ||, 2, ||	48ˢ (2)	24 12 – F 12 – B	C1 – F C2 - B	Colour 1 = 1 pick Colour 2 = 1 pick	st2 st1 1 2
B. 2 picks OWT weave - Cross over colour effect / Mono colour effect (Fig. 3.1 B)					T1 – 2 Picks (1F, 1B)
1, ||, 2, ||	48ˢ (2)	24 12 – F 12 - B	C1 – F C2 – F C3 – B	C 1 : C 3 –12 times = 24 C 2 : C 3 –12 times = 24 Total picks per pattern = 48	T2 – 2 Picks (1F, 1B)
C. 2 picks OWT weave - Cross over colour effect / Cross over colour effect (Fig. 3.1 C)					
1,||, 2, ||	48ˢ (2)	24 12 – F 12 - B	C1 – F C2 – F C3 - B	C 1 : C 3 –12 times = 24 C 2 : C 3 –12 times = 24 Total picks per pattern = 48	

Source : Données primaires

4.2.3   Cueilleur à deux étages Sley

Dans la nouvelle méthode du principe de "prélèvement à deux étages", un chariot spécial appelé "chariot de prélèvement à deux étages" est utilisé avec deux boîtes à navettes superposées de part et d'autre. Deux navettes de deux couleurs ou matériaux différents sont placées l'une au-dessus de l'autre dans les deux boîtes à navettes. Lors de la cueillette unique, les deux navettes sont propulsées simultanément l'une au-dessus de l'autre dans les deux hangars formés l'un au-dessus de l'autre par le principe de la cueillette à deux étages et deux pics de couleurs/matériaux différents sont insérés simultanément. Les différentes parties du "chariot de cueillette à deux étages" sont présentées ci-dessous en série selon les numéros indiqués sur la figure 4.5.

1. Sley

2. Plaque de fond de la boîte à navette

3. Bandes de guidage du préleveur inférieur

4. Espace pour le mouvement du préparateur de commandes inférieur

5. Cueilleur de "T" à fond spécial

6. Projection supplémentaire du cueilleur inférieur (vue de côté)

7. Plaque centrale (pour la deuxième boîte à navette)

8. Extension de la plaque centrale

9. Extension de la plaque centrale alignée avec le centre de l'anche / de la chaîne de séparation

10. Bandes de guidage du cueilleur supérieur

11. Espace pour le déplacement du top picker

12. Sélecteur de "T" supérieur

13. Raccordement latéral de la corde à double ramassage pour le ramasseur de fond

14. Raccord de corde pour le ramasseur par le haut, simple, pour le ramasseur par le haut

15. Roseau spécial

16. Bossage entièrement ouvert

17. Bossage entièrement ouvert

18. Couture de la chaîne dans la bosse ouverte

19. Séparation de la chaîne au centre du peigne

20. Navette inférieure transportant la trame de la première couleur / matière

21. Navette supérieure transportant la trame de la deuxième couleur / matière

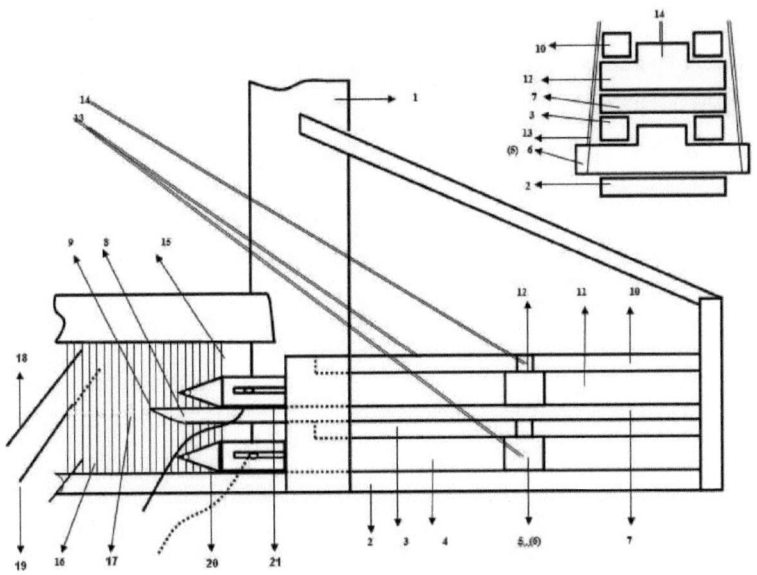

Fig. 4.5 - Vue frontale et latérale de la batterie DDP

Un orge ordinaire (1) est transformé en orge à deux étages en modifiant les boîtes à navettes des deux côtés. La vue de face et la vue de côté de la boîte à navettes du côté droit de l'orge à deux étages sont illustrées à la figure 4.5. Deux bandes de guidage (3) sont fixées au-dessus de la plaque inférieure / de la course de la navette (2), laissant un espace nécessaire (4) à partir de la plaque inférieure, pour le mouvement du cueilleur de fond. L'espace entre les deux bandes de guidage est légèrement supérieur à la hauteur de la navette. On utilise un piqueur de fond spécial en forme de "T" inversé (5) qui possède une saillie inférieure supplémentaire (6), dépassant de la boîte de la navette comme on peut le voir sur la vue de côté, qui se déplace dans l'espace (4). Au-dessus des bandes de guidage (3), une plaque de bois est fixée au milieu. Cette plaque sert de fond à la deuxième boîte à navettes. Cette plaque centrale (7) est prolongée jusqu'à la lisière (8) et alignée sur le centre du peigne (9). Deux autres bandes de guidage supérieures (10) similaires aux bandes de guidage inférieures (3) sont fixées pour le mouvement du cueilleur supérieur (12) en laissant l'espace nécessaire (11) par rapport à la plaque centrale. Le sélecteur supérieur a également la forme d'un "T" inversé. La hauteur totale de la boîte à navettes est égale à la hauteur totale de l'anche.

Des connexions indépendantes sont prévues pour le cueilleur supérieur et le cueilleur inférieur. Deux cordes sont reliées aux deux saillies latérales du cueilleur inférieur (13) et une seule corde est reliée à la saillie supérieure du cueilleur supérieur (14). La largeur des bras inférieurs du cueilleur inférieur est légèrement supérieure à celle des bras inférieurs du cueilleur supérieur afin de faciliter l'enchevêtrement des cordes de cueillette entre ces deux cueilleurs. Les deux raccords de corde des cueilleurs inférieurs et supérieurs du côté droit sont combinés en une seule grappe. De même, les deux cordes des cueilleurs du bas et du haut du côté gauche sont également réunies en une seule grappe. Ces deux faisceaux sont reliés à la poignée de prélèvement. Lorsque deux navettes sont insérées l'une au-dessus de l'autre dans la boîte à navettes de gauche, les préhenseurs du haut et du bas se déplacent vers l'extrême gauche de la boîte à navettes de gauche. En actionnant la poignée vers la droite, les cueilleurs du haut et du bas de la boîte à navettes de gauche sont simultanément propulsés vers la droite et atteignent la boîte de droite et vice versa lors de la cueillette suivante. La planche de course de l'orge sert de course pour la navette inférieure (navette arrière). Les extrémités séparatrices qui sont maintenues au centre de l'anche servent de course pour la navette supérieure (navette de face).

L'anche utilisée est une anche spéciale (15). La hauteur de l'anche est un peu plus du double de la hauteur de la navette utilisée. On utilise une anche de 4" de hauteur si la hauteur de la navette est de 1,5" (2 X 1,5" + 1"). L'anche de 3" est utilisée si la hauteur de la navette est de 1" (2 X 1" + 1").

L'extrémité de piquage (18) est actionnée de haut en bas entre le haut et le bas du peigne (16), (17). L'extrémité de séparation (19) reste toujours au centre du roseau et sert de course à la navette supérieure pour passer d'une boîte à navettes à l'autre.

Une navette (20) portant la trame du matériau et de la couleur requis est placée dans la boîte à navettes inférieure. Cette navette (20) devient la navette de trame arrière. Une autre navette (21) portant la trame d'un autre matériau et d'une autre couleur est placée dans la boîte à navettes supérieure. Cette navette (21) devient la navette de trame de face.

4.2.4 Échanges et cueillettes à deux étages

Le métier à tisser est d'abord réglé pour avoir une mue à deux étages. Le peigne à deux étages est fixé dans le métier à tisser. La hauteur du peigne est ajustée en fonction de la hauteur de la boîte à navettes de manière à ce que la plaque centrale soit alignée avec le centre du peigne. Là encore, il est important de veiller à ce que la dernière lisière de la feuille de chaîne séparée soit proche du bord et également alignée avec la plaque centrale. Ceci est essentiel pour assurer la continuité de la course de la navette supérieure lorsqu'elle quitte la boîte à navettes.

Comme expliqué dans le cas du moulinage à deux étages, lorsque la première pédale est pressée, deux étages de moulins - le moulinage inférieur et le moulinage supérieur - sont formés l'un au-dessus de l'autre avec les extrémités de couture impaires (st 1) sur le dessus, les extrémités de séparation (se) au centre et les extrémités de couture paires (st 2) sur le dessous. En tirant la poignée de la navette à deux étages vers la droite, la connexion de la corde de cueillette simple du cueilleur supérieur et la connexion de la corde de cueillette double du cueilleur inférieur de la navette de gauche sont rapprochées. Tandis que le cueilleur inférieur et le cueilleur supérieur sont tirés simultanément, les navettes inférieure et supérieure transportant deux trames de couleur/matière différentes sont propulsées simultanément de gauche à droite. La navette inférieure survole la course régulière de l'orge entre la remise formée par les extrémités paires de la couture (st 2) en bas et les extrémités séparatrices en haut. La navette supérieure survole la plaque centrale et son extension jusqu'à la chaîne de séparation et entre dans la foule formée par les extrémités de séparation en bas et les extrémités de couture impaires (st 1) en haut. Ainsi, la pique de face (première pique) et la pique de dos (deuxième pique) sont insérées simultanément et battues ensemble jusqu'à la chute de l'étoffe.

Après avoir battu les deux pics simultanément jusqu'à la chute du tissu, on appuie sur une autre pédale. Maintenant, la deuxième lice (HL 2) avec les extrémités paires (st 2) est soulevée jusqu'au sommet du roseau pour former la couche supérieure et simultanément la première lice (HL 1) avec les extrémités impaires (st 1) est abaissée pour former la couche inférieure. Comme précédemment, les extrémités de séparation des deux plis (se) restent au centre du roseau sans être modifiées, formant la couche centrale entre la couche supérieure et la couche inférieure, ce qui donne lieu à la remise opposée suivante.

Une fois de plus, lorsque le deuxième prélèvement est effectué en tirant la poignée de prélèvement vers la gauche, la connexion de corde de prélèvement simple supérieure du préposé au prélèvement supérieur et la connexion de corde de prélèvement double latérale du préposé au prélèvement inférieur de la boîte à navettes de droite sont tirées ensemble. Tandis que le cueilleur inférieur et le cueilleur supérieur sont tirés simultanément, les navettes inférieure et supérieure transportant deux trames de couleur/matière différentes sont propulsées simultanément de la droite vers la gauche. La navette inférieure survole la course régulière de l'orge entre la remise formée par les extrémités de couture impaires (st 1) en bas et les extrémités de séparation en haut. La navette supérieure survole la plaque centrale et son extension jusqu'à la chaîne de séparation et entre dans la foule formée par les extrémités de séparation en bas et les extrémités de couture paires (st 2) en haut. Ainsi, la pique de face (troisième pique) et la pique de dos (quatrième pique) sont à nouveau insérées simultanément et les deux piques sont battues ensemble jusqu'à la chute du tissu.

Ainsi, lors du tissage de 2 mèches OWT, l'insertion de quatre mèches par répétition du tissage (deux mèches de face et deux mèches de dos) est complétée par deux fois la mue à deux étages (DDS) avec deux fois la mèche à deux étages (DDP).

Étant donné que la hauteur totale du roseau est de 3" à 4", chaque boudin est formé à une profondeur de 1" à 2", ce qui facilite l'insertion de la navette sans aucune difficulté. Les extrémités séparatrices en tension normale qui forment la couche centrale agissent comme une planche de course pour le pont supérieur et facilitent l'insertion de la navette supérieure (navette de face) à travers le pont supérieur.

La boîte à navettes droite du métier DDP Sley avec deux boîtes à navettes, deux cueilleurs et des connexions de corde de cueillette est illustrée sur la figure 4.5. La planche 4.6 montre un tisserand effectuant un prélèvement simple sur un métier DDSP grâce auquel deux navettes sont propulsées simultanément. Des navettes doubles, partant de la boîte à navettes de droite et entrant simultanément dans le DDS sont représentées sur la planche 4.7. La planche 4.8 montre des navettes doubles quittant le DDS et entrant simultanément dans les boîtes à navettes du côté gauche.

Plate 4.5 –

Right shuttle
box of
DDP Sley

Plate 4.7 –

Double shuttles
enter into DDS
from right side

Plate 4.6 –

Single
picking of
DDP Sley

Plate 4.8 –

Double shuttles
enter into left
side shuttle box

Le passage de la navette supérieure au-dessus de l'extension de la pièce centrale et la séparation de la chaîne au centre du hangar sont également clairement visibles sur les planches 4.7 et 4.8.

4.2.5 Avantages de la DDSP

- Le fonctionnement de l'échenillage et de la cueillette à deux étages est très simple.

- L'armure 2P OWT ayant deux faces différentes avec deux couleurs différentes est tissée comme une armure simple en utilisant une maille simple à deux lisses et deux fils, ce qui nécessiterait autrement 3 lisses et 4 fils dans le principe de maille ordinaire du tissage ou autrement 4 lisses et 8 fils dans le tissage à l'envers.

- Les navettes bicolores sont tissées par la méthode ordinaire de la cueillette unique au lieu du tissage par cueillette. Comme le tissu est tissé comme un tissu ordinaire, la production est beaucoup plus importante que le tissage de navettes par piqûre et par jetée (2 à 2,5 fois).

- Comme les trames restent droites sans se plier ni s'entrelacer, le tissu tissé est plus lisse que les tissus tissés avec d'autres armures et techniques, qui plus est avec des titres moyens et plus courts. Les extrémités séparatrices, qui restent également droites entre les fils de face et les fils de dos, ajoutent de la souplesse et de l'épaisseur au tissu.

- Les extrémités qui se séparent ne sont visibles ni sur la face ni sur le dos. Il peut donc s'agir d'un fil simplement récuré ou d'un fil de chaîne mélangé et multicolore inutilisé.

- Mixte-multicolore - les fils de chaîne inutilisés à hauteur de 10 à 15 % du poids total du tissu peuvent être utilisés de manière économique, ce qui réduit le coût du tissu.

- L'introduction de ce nouveau mécanisme de délestage et de cueillette à deux étages sur les métiers à tisser en fosse ou à cadre existants est très peu coûteuse.

4.3 DDS - Guérisseurs de 3 pics OWT Weave

4.3.1 Dérivation de la méthodologie

L'ordre d'insertion de l'armure OWT à 3 aiguilles est modifié en Fg, B, Ff au lieu de Fg, Ff, B. Ceci est dû au fait que les insertions d'aiguilles sont suivies dans un rapport de 1 face : 1 dos : 1 face dans le DDP suivi du DDS.

En analysant le diagramme de tissage et d'entrelacement de l'OWT à 3 pics, les points suivants sont observés en ce qui concerne le délestage de la lisse pour tisser l'OWT à 3 pics.

- L'extrémité de séparation des faces est soit vers le haut, soit vers le bas, selon la formation du sol et de la figure par les pics de face.

- Pour tous les pics de visage, toutes les extrémités centrales séparatrices sont toujours en bas.

- Pour tous les pics arrière, tous les bouts séparateurs de face et aussi les bouts séparateurs de centre sont toujours en haut.

- Pour la première série de 3 aiguilles (2 aiguilles de face et 1 aiguille de dos), la première extrémité de couture est en haut et la seconde en bas.

- Pour la deuxième série de 3 piquages (2 piquages de face et 1 piquage de dos), la deuxième extrémité de couture est en haut et la première en bas.

L'analyse ci-dessus permet de dégager les concepts suivants.

- Les extrémités de séparation des faces sont actionnées du centre vers le haut de l'anche.

- Les extrémités séparatrices centrales sont maintenues au centre de l'anche.

- Les extrémités de couture sont actionnées de haut en bas, de bas en haut de l'anche.

- Il en résulte la formation de deux cabanes l'une au-dessus de l'autre à la hauteur donnée du roseau.

- En gardant les deux cabanes formées l'une au-dessus de l'autre et en actionnant les extrémités séparant les faces du centre vers le haut du roseau, deux pics sont insérés dans la cabane du haut.

- Simultanément, un pic arrière est inséré dans la remise inférieure.

- Au moment de l'insertion de ces trois pics, une extrémité de la couture est maintenue vers le haut et l'autre vers le bas. La fois suivante, les extrémités de la couture sont inversées.

- Comme les extrémités de séparation arrière doivent toujours être maintenues au milieu sans aucun mouvement, elles n'ont pas besoin de lisses pour fonctionner.

- Ainsi, l'OWT à 3 pics peut être tissé avec seulement 4 lisses, au lieu des 5 lisses requises dans la méthode de délestage ordinaire.

- 2 lisses pour les extrémités de couture et 2 lisses pour les extrémités de séparation des faces sont utilisées dans le DDS.

- Plus de 4 pédales suffisent pour opérer au lieu des 6 / 5 pédales requises dans les méthodes d'arrimage ordinaires / modifiées respectivement.

- 2 pédales pour l'opération des lisses de couture et 2 pédales pour l'opération des lisses de séparation des faces sont utilisées.

4.3.2 Technique de conception et de délestage

Les étapes de la mise en place du métier à tisser pour tisser 3 pics OWT en formant des DDS sont décrites ci-dessous.

La chaîne de couture et la chaîne de séparation sont prises dans deux poutres séparées. Le rapport entre la chaîne de couture et la chaîne de séparation est de 1:2. La chaîne de couture est en un seul pli, tandis que la chaîne de séparation peut être en 2 ou 3 plis.

La rédaction de six bouts par répétition de 3 pioches OWT est indiquée comme suit.

1, 2, 3, 4, 5,   6 =1 ,   3, |,   2,   3, |Nombre de fois, c'est-à-dire

st, Fse, Cse, st, Fse,   Cse =HL1, HL3, ||,   HL2, HL3,||- Nombre de fois ;

2,   2, 3, 4, 5,   6 =1 ,   4, |,   2,   4,|- Nombre de fois, c'est-à-dire

st, Fse, Cse, st, Fse,   Cse =HL1, HL4, ||,   HL2, HL4,||- Nombre de fois.

La représentation ci-dessus de l'ordre de dessin indique que les extrémités de couture sont dessinées dans la première série de deux lisses - HL1 et HL2. Les extrémités de séparation de la face sont dessinées dans la deuxième série de deux lisses - HL3 et HL4. Mais les extrémités de séparation centrales sont simplement prises entre les fils sans tracer de lisses. Le premier point de couture (st 1) est tiré à travers HL 1. Le point de séparation suivant (F se) est tiré à travers HL 3. Le point de séparation central (C se) est simplement tiré entre les fils. La deuxième extrémité de couture (st 2) est tirée à travers HL 2. L'extrémité de séparation suivante (F se) est à nouveau tirée à travers HL 3. L'extrémité de séparation suivante (C se) est simplement prise entre les fils. Après avoir réalisé plusieurs fois l'ébauche ci-dessus, HL 4 est utilisé à la place de HL 3 pour dessiner les extrémités de séparation de la face en fonction de la largeur de la terre et de la forme des pics de la face. Le dessin se poursuit de la même manière.

Une fois le dessin terminé, la denture est effectuée dans l'ordre de trois par dent. Une extrémité de couture et deux extrémités de séparation se trouvent dans une même dent. La hauteur du roseau est un peu plus du double de la hauteur de la navette utilisée. On utilise un roseau de 4" de hauteur si la hauteur de la navette est de 1,5" (2 X 1,5" + 1"). L'anche de 3" est utilisée si la hauteur de la navette est de 1" (2 X 1" + 1").

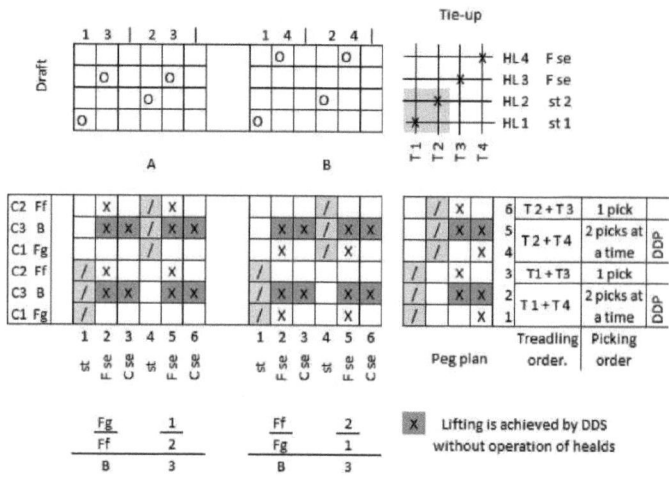

Fig. 4.6 - Tissage, ébauche et attache pour DDSH et DDP afin de tisser 3P OWT

La figure 4.6 montre le tissage, l'ébauche, le plan de chevillage, l'attache, l'ordre de pressage de la pédale et l'ordre de cueillette pour tisser un tissu OWT à 3 mèches, en utilisant 4 lisses et 4 pédales selon les principes DDS et DDP. La marque '/' au-dessus de l'ombrage clair indique l'interlacement des extrémités de couture et la marque 'X' au-dessus de l'ombrage foncé indique l'interlacement des extrémités de séparation centrale réalisé par DDS sans l'utilisation de lisses. La marque "X" au-dessus de la partie vierge indique le soulèvement des extrémités de séparation de la face réalisé par le soulèvement des lisses de séparation de la face. Il est donc clair que le délestage est réalisé simplement en actionnant les lisses de couture et les lisses de séparation des faces.

Les lisses HL1 et HL2 des extrémités de piquage sont réglées de manière à former une mèche fermée au bas du roseau. Les lisses HL3 et HL4 des extrémités de séparation des faces sont réglées de manière à former une mèche fermée au centre de l'anche. Un dossier séparé à la position de la tige de location est utilisé sous les extrémités de séparation centrales. La hauteur de ce dossier est réglée de manière à maintenir toutes les extrémités de séparation centrales au centre de l'anche, ainsi que les extrémités de séparation frontales. Toutes les lisses sont réglées avec un mouvement d'inversion par le bas. Les lisses supérieures HL1 et HL2 sont reliées séparément à deux pédales T1 et T2 pour soulever les extrémités de couture du bas du roseau vers le haut du roseau. De même, les lisses supérieures HL3, HL4 sont également reliées séparément à deux autres pédales T3 et T4 pour soulever les extrémités de séparation des faces depuis le centre du roseau jusqu'au sommet du roseau. Cette configuration initiale du DDS pour tisser 3 mèches OWT est illustrée dans deux figures.

La Fig. 4.7 montre la configuration initiale du DDS au niveau de l'ébauche A et la Fig. 4.8 montre la configuration initiale du DDS au niveau de l'ébauche B pour une meilleure compréhension. Les remises produites aux ébauches A et B lors de l'introduction d'un jeu de pics sont également représentées séparément. Il est donc nécessaire de voir l'ébauche et le délignage combinés pour connaître la levée des lisses et les extrémités correspondantes pour chaque délignage.

Pour effectuer la première mue, T1 et T4 sont pressés l'un contre l'autre. En raison de la mue fermée par le bas, lorsque T1 est pressé, HL1 se déplace vers le haut du roseau avec toutes les extrémités de couture impaires (st 1), formant ainsi la couche supérieure. En même temps, HL 2 reste au bas du roseau avec toutes les extrémités paires (st 2) formant la couche inférieure. Ainsi, les extrémités de séparation des faces (F se) tirées à travers HL4 au niveau de l'ébauche B se déplacent du centre vers le haut de l'anche. Le reste des extrémités de séparation de face tirées à travers HL3 et toutes les extrémités de séparation centrale (C se) restent au centre du roseau sans modification, formant la couche centrale entre la couche supérieure et la couche inférieure.

Par conséquent, deux couches de cabanes - la cabane du bas et la cabane du haut - sont formées l'une au-dessus de l'autre. La couche supérieure de la bâche supérieure est formée au sommet du roseau, avec toutes les extrémités de couture impaires (st 1) ainsi que la partie des extrémités de séparation de la face. La couche inférieure de l'étoffe supérieure est formée au centre du roseau avec la partie des extrémités de séparation de la face ainsi que toutes les extrémités de séparation du centre. Cette couche inférieure de la couche supérieure reste également la couche supérieure de la couche inférieure. La couche inférieure de la nappe inférieure est formée à la base du roseau avec toutes les extrémités de couture égales (st 2).

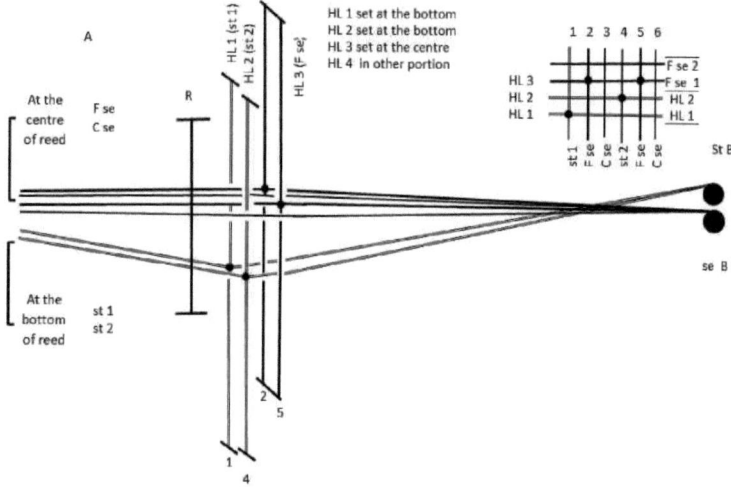

Fig. 4.7 - Montage des lisses pour le DDSH au niveau de l'ébauche A pour tisser 3P OWT

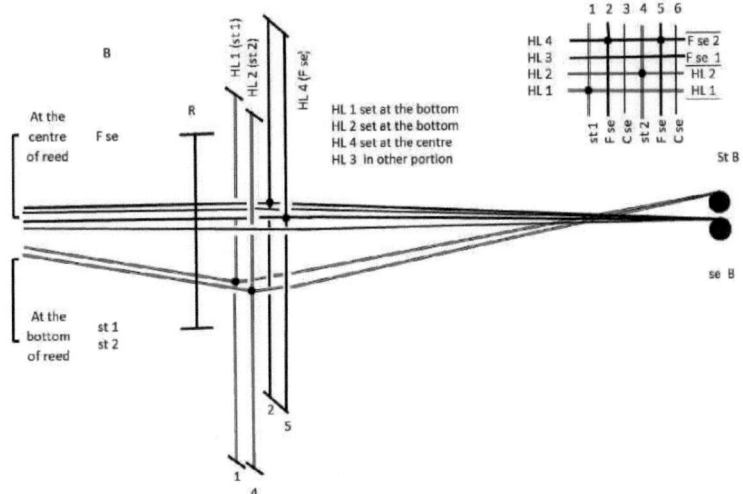

Fig. 4.8 - Montage des lisses pour le DDSH à l'ébauche B pour le tissage de 3P OWT

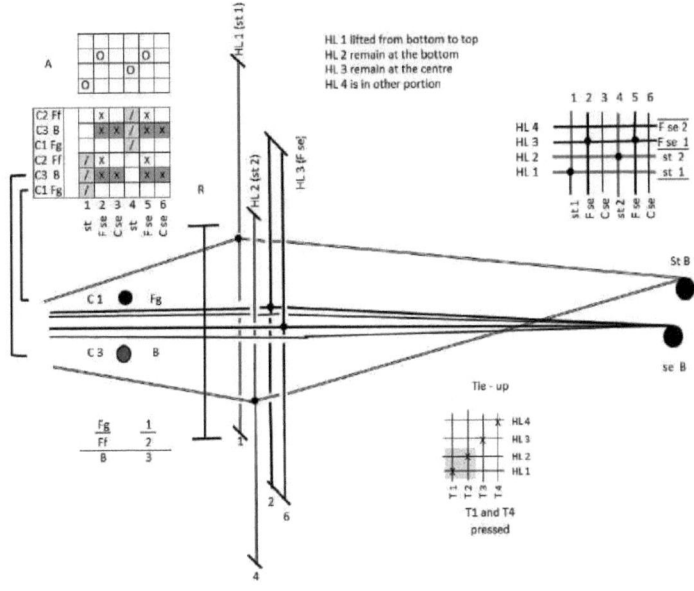

Fig. 4.9 - Insertion d'une aiguille Fg et d'une aiguille Back à l'ébauche A de DDSH pour tisser 3P OWT

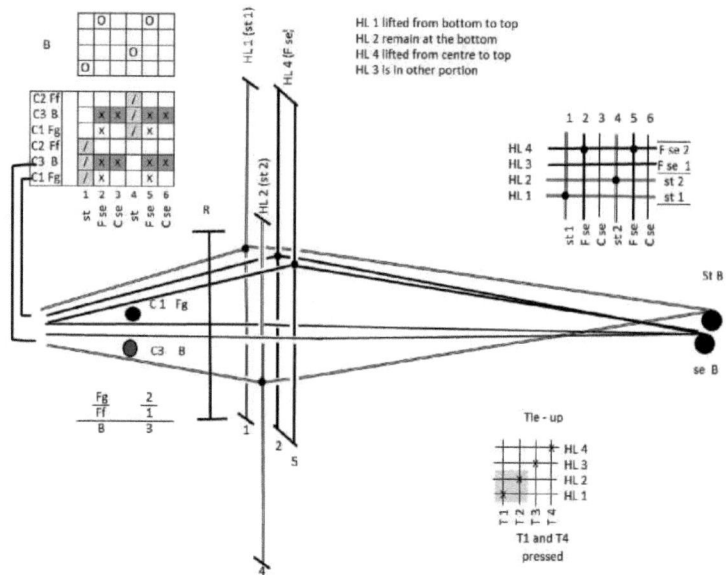

Fig. 4.10 - Insertion d'une aiguille Fg et d'une aiguille Back à l'ébauche B de DDSH pour tisser 3P OWT

Trois navettes avec des trames de trois couleurs différentes sont utilisées. La première navette avec la couleur de trame 1 (C1) est jetée dans la remise supérieure. La pioche devient la pioche de la première face au sol (Fg- C1). De même, une autre navette avec la couleur de trame 3 (C3) est lancée dans la foule inférieure. Le pic devient le premier pic arrière (B-C3). Les deux aiguilles de face et de dos ainsi insérées d'un côté sont battues simultanément jusqu'à la chute du tissu. Les deux parties de la foule formées au niveau des trames A et B, comme expliqué ci-dessus, sont représentées sur les figures 4.9 et 4.10 respectivement, avec les insertions de Fg et B. Ces deux parties de la foule doivent être lues ensemble pour former une seule et même foule.

Ensuite, en maintenant la pédale T1 enfoncée comme elle l'est, la pédale T3 est enfoncée à la place de T4. Lorsque T1 et T3 sont enfoncés, HL1 et la st 1 restent en haut sans aucun changement. Les extrémités de séparation des faces tirées à travers le HL3 sont soulevées, ce qui entraîne un soulèvement opposé des extrémités de séparation des faces. La troisième navette portant la couleur de trame 2 (C2) est insérée dans la foule supérieure et battue jusqu'à la chute du tissu. Cette aiguille devient l'aiguille de la figure de face (Ff -C2). De cette manière, l'insertion de trois aiguilles est totalement achevée, à savoir Fg + B et Ff.

Les deux parties de l'abri formées par le projet A et le projet B, comme expliqué ci-dessus, sont représentées respectivement sur les figures 4.11 et 4.12, avec les insertions Ff. Ces deux parties du hangar doivent être lues ensemble pour former un seul hangar.

Ensuite, la mue suivante est effectuée en appuyant sur T2 et T4. HL2 avec st 2 et HL4 avec une partie des extrémités Fse se déplacent vers le haut du hangar. De nouveau, deux étages de cabanes - la cabane du bas et la cabane du haut - sont formés l'un au-dessus de l'autre. Fg - C1 est inséré dans la cabane du haut. B-C3 est inséré dans le hangar du bas et les deux pics sont battus ensemble.

Ensuite, en maintenant la pédale T2 enfoncée comme elle l'est, la pédale T3 est enfoncée à la place de T4. Lorsque T2 et T3 sont enfoncés, HL2 et la 2e étape restent en haut sans aucun changement. Les extrémités de séparation des faces tirées à travers le HL3 sont soulevées, ce qui entraîne un soulèvement opposé des extrémités de séparation des faces. La troisième navette avec la couleur de trame C2 est insérée dans la foule supérieure et battue jusqu'à la chute du tissu. Cette navette devient la deuxième navette de figure de face (Ff - C2). De cette manière, l'insertion des trois aiguilles est totalement terminée, à savoir Fg + B et Ff. Les cabanes ci-dessus peuvent être comprises en imaginant l'élévation de la tige 2 par HL 2 à la place de l'élévation de la tige 1 par HL1 dans les figures 4.9, 4.10, 4.11 et 4.12.

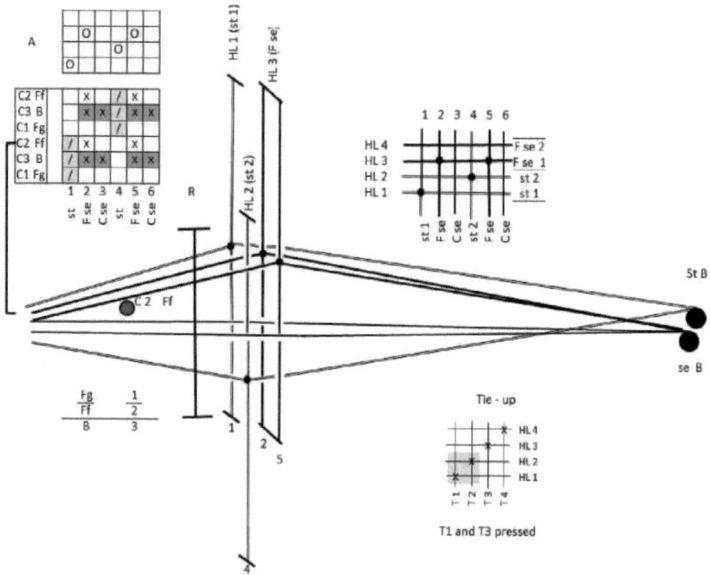

Fig. 4.11 - Insertion d'une aiguille Ff à l'ébauche A de DDSH pour tisser 3P OWT

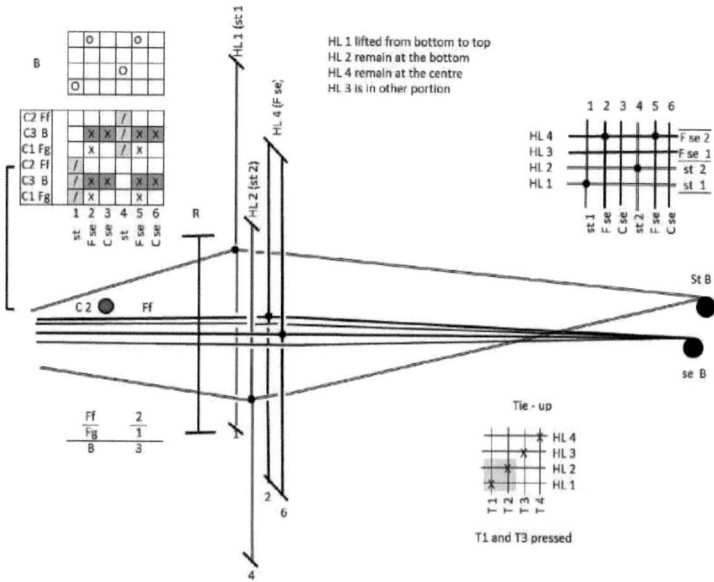

Fig. 4.12 - Insertion d'une aiguille Ff à l'ébauche B de DDSH pour tisser 3P OWT

Ainsi, lors du tissage de l'armure OWT à 3 mèches, l'insertion de six mèches par répétition de l'armure (deux mèches de face avec une mèche de dos et à nouveau deux mèches de face avec une mèche de dos) par répétition est complétée par quatre fois la mue à deux étages (DDS) avec six fois la mèche de la navette de jetée.

Le tableau 4.2 indique le dessin, le bosselage, le nombre de fils de chaîne et de trame ainsi que le motif de couleur de la trame pour tisser les quatre variétés différentes de tissus en filaments de polyester produites par l'armure OWT à 3 brins.

4.3.3 La collecte et le ramassage à deux étages

Lorsque l'orge de cueillette à deux étages est également utilisé avec la mue à deux étages, la navette portant la trame de fond (Fg - C1) est placée dans la boîte à navettes supérieure et la navette portant la trame de fond (B-C3) est placée dans la boîte à navettes inférieure. La navette portant la trame de face (Ff - C2) est insérée par la prise de navette de jeté.

Le premier picot de fond de face et le picot de dos sont insérés simultanément lors du premier picot à deux étages. Ensuite, le premier pic à figure est inséré par le biais d'une navette. De nouveau, le deuxième picot de face au sol et le picot de dos sont insérés simultanément au cours du deuxième prélèvement à deux étages. Le deuxième pic à figures de face est inséré par le biais d'une navette à lancer.

Ainsi, lors du tissage de l'armure OWT à 3 pics, l'insertion de six pics par répétition de l'armure (deux pics de face avec un picot de dos et à nouveau deux pics de face avec un picot de dos) est complétée par quatre mèches à deux étages (DDS) avec deux pics à deux étages (DDP) pour quatre pics (deux pics de face au sol et deux pics de dos) et deux pics à navette pour deux pics de figure de face.

Tableau 4.2 - Particularités de la maille à deux étages pour le tissage SFFFF de 3P OWT Ct de chaîne (st) - 2/20^s ; Ct de chaîne (se) - 2/20^s (2ply) ; Ct de trame - 2^s (2ply)

Drafting - 1, 2 heald carry st; 3, 4 carry se; || indicates the end is taken directly without drawing in the heald wire.	Reed count (ends / dent)	Picks per inch	Weft Colours (C) Face (F) Back (B)	Weft colour pattern No. of times Total picks	Tie-up & Treadle pressing plan
D. 3 picks OWT weave - Stripe effect / Mono colour effect (Fig. 3.1 D)					
1, 3, ||, 2, 3, || –12 times – A	48^S (3)	36 24 – F 12 - B	C1 – F C2 – F C3 - B	Colour 1 = 1 pick Colour 2 = 1 pick Colour 3 = 1 pick	T1 + T4- 2 Picks (1F, 1B) HL4 Fse HL3 Fse HL2 st2 HL1 st1
1, 4, ||, 2, 4, || –12 times - B					
E. 3 picks OWT weave - Check colour effect / Mono colour effect (Fig. 3.1 E)					
1, 3, ||, 2, 3, || –12 times – A	48^S (3)	36 24 – F 12 - B	C1 – F C2 – F C3 - B	C 1 : C 2 : C 3 –12 times = 36 C 2 : C 1 : C 3 –12 times = 36 Total picks per pattern =72	T1 + T3 - 1 Picks (1F)
1, 4, ||, 2, 4, || –12 times - B					
F. 3 picks OWT weave - Stripe colour effect / Cross over colour effect (Fig. 3.1 F)					
1, 3, ||, 2, 3, || –12 times – A	48^S (3)	36 24 – F 12 - B	C1 – F C2 – F C3 – B C4 – B	C 1 : C 2 : C 3 –12 times = 36 C 1 : C 2 : C 4 –12 times = 36 Total picks per pattern =72	T2 + T4- 2 Picks (1F, 1B) T2 + T3 - 1 Picks (1F)
1, 4, ||, 2, 4, || –12 times - B					
G. 3 picks OWT weave - Check colour effect / Cross over colour effect (Fig. 3.1 G)					
1, 3, ||, 2, 3, || –12 times – A	48^S (3)	36 24 – F 12 - B	C1 – F C2 – F C3 – B C4 – B	C 1 : C 2 : C 3 –12 times = 36 C 2 : C 1 : C 3 –12 times = 36 C 1 : C 2 : C 4 –12 times = 36 C 2 : C 1 : C 4 –12 times = 36 Total picks / pattern =144	
1, 4, ||, 2, 4, || –12 times - B					

Source : Données primaires

4.4 DDS - Guérisseurs de 4 pics OWT Weave

4.4.1 Dérivation de la méthodologie

L'ordre d'insertion des 4 pics du tissage OWT est modifié et devient Fg, Bg, Ff et Bf au lieu de Fg, Ff, Bg et Bf. Cette modification est due au fait que les insertions d'aiguilles sont suivies dans un rapport de 1 face : 1 pour le dos dans le DDS suivi du DDP.

En analysant le diagramme de tissage et d'entrelacement de l'OWT à 4 pics, les points suivants sont observés en ce qui concerne le délestage de la lisse pour tisser l'OWT à 4 pics.

- Les extrémités de séparation des faces sont dans l'ordre figuratif selon la formation du sol et de la figure par les pics de face.

- Pour tous les pics de visage, toutes les extrémités de séparation centrales sont toujours vers le bas et toutes les extrémités de séparation arrière sont également toujours vers le bas.

- Les extrémités de séparation du dos sont dans l'ordre figuratif selon la formation du sol et de la figure par les pics du dos.

- Pour tous les pics arrière, toutes les extrémités de séparation de la face sont toujours vers le haut et toutes les extrémités de séparation du centre sont également toujours vers le haut.

- Pour la première série de 4 pics (2 pics de face et 2 pics de dos), la première

64

extrémité de couture est en haut et la seconde en bas.

- Pour la deuxième série de 4 aiguilles (2 aiguilles de face et 2 aiguilles de dos), la deuxième extrémité de la couture est en haut et la première en bas.

L'analyse ci-dessus permet de dégager les concepts suivants.

- Les extrémités de séparation des faces sont actionnées du centre vers le haut de l'anche.

- Les extrémités séparatrices centrales sont également maintenues au centre de l'anche.

- Les extrémités de séparation du dos sont actionnées de la base vers le centre de l'anche.

- Les extrémités de la couture sont actionnées de haut en bas, de bas en haut.

- Il en résulte la formation de deux cabanes l'une au-dessus de l'autre à la hauteur donnée du roseau.

- En gardant l'abri à deux étages formé, deux pics à visage sont insérés dans l'abri supérieur en actionnant les extrémités séparant les visages du centre vers le haut.

- Simultanément, deux pics arrière sont insérés dans le hangar inférieur en actionnant les extrémités de séparation arrière de bas en haut.

- Au moment de l'insertion de ces quatre pics, une extrémité de la couture est maintenue vers le haut et l'autre vers le bas. La fois suivante, les extrémités de la couture sont inversées.

- Comme les extrémités centrales de séparation doivent toujours être maintenues au milieu sans aucun mouvement, elles ne nécessitent pas de lisses pour fonctionner.

- Ainsi, l'OWT à 4 pics peut être tissé en ayant seulement 6 lisses au lieu des 7 lisses requises dans la méthode de délestage ordinaire.

- 2 lisses pour les extrémités de couture, 2 lisses pour les extrémités de séparation de la face et 2 lisses pour les extrémités de séparation du dos sont utilisées dans le DDS sans utiliser de lisses pour les extrémités de séparation du centre.

- Plus de 4 pédales suffisent pour opérer au lieu des 8/6 pédales requises dans les méthodes d'arrimage ordinaires et modifiées respectivement.

- 2 pédales pour l'opération de couture des lisses, 2 pédales pour l'opération de séparation des lisses du visage et des lisses de séparation du dos sont utilisées.

Les étapes de la mise en place du métier à tisser pour tisser 4 pics OWT en formant des DDS sont décrites ci-dessous.

4.4.2 Technique de conception et de délestage

La chaîne de couture et la chaîne de séparation sont prises dans deux poutres séparées. Le rapport entre la chaîne de couture et la chaîne de séparation est de 1:3. La chaîne de couture est en un seul pli, tandis que la chaîne de séparation peut être en 2 ou 3 plis.

La rédaction de huit bouts par répétition de 4 pics OWT est indiquée comme suit.

1, 2, 3, 4,   5, 6, 7, 8 = 1,   3, |, 5,   2,   3, |,
5-

Nombre de fois que c'est le cas

st, Fse, Cse, Bse, st, Fse, Cse, Bse = HL1, HL3, ||, HL5, HL2, HL3, ||, HL5 -
Nombre de fois

1, 2, 3, 4,   5, 6, 7, 8 = 1,   4, |, 6,   2,   4, |,
6-

Nombre de fois que c'est le cas

st, Fse, Cse, Bse, st, Fse, Cse, Bse = HL1, HL4, ||, HL6, HL2, HL4, ||, HL6

-

Nombre de fois

La représentation ci-dessus de l'ordre de dessin indique que les extrémités de couture sont dessinées dans la première série de deux lisses - HL1 et HL2. Les extrémités de séparation de la face sont dessinées dans la deuxième série de deux lisses - HL3 et HL4. Les extrémités de séparation du dos sont dessinées dans la troisième série de deux lisses - HL5 et HL6. Mais les extrémités de séparation du centre sont simplement prises entre les fils sans tracer de lisses. La première extrémité de couture (st 1) est tirée à travers HL 1. L'extrémité de séparation de face suivante (F se) est tirée à travers HL 3. L'extrémité de séparation centrale (C se) est simplement tirée entre les fils. L'extrémité de séparation arrière suivante (B se) est tirée à travers le HL 5. La deuxième extrémité de couture (st 2) est tirée à travers HL 2. L'extrémité de séparation de face suivante (F se) est à nouveau tirée à travers HL 3. L'extrémité de séparation centrale suivante (C se) est simplement prise entre les fils. L'extrémité de séparation arrière suivante (B se) est tirée à travers le HL 5. Après avoir effectué les opérations ci-dessus un certain nombre de fois, HL 4 est utilisé à la place de HL 3 pour dessiner les extrémités de séparation de la face en fonction de la largeur du sol et de la forme des pics de la face. HL 6 est utilisé à la place de HL 5 pour dessiner les extrémités de séparation arrière en fonction de la largeur du sol et de la figure des pics arrière. L'ébauche se poursuit de la même manière. Une fois l'ébauche terminée, on procède à l'emboutissage, à raison de quatre par emboutissage. Une extrémité de couture et trois extrémités de séparation se trouvent dans une bosse.

La figure 4.13 montre le tissage, l'ébauche, le plan de chevillage, l'attache, l'ordre de pressage de la pédale et l'ordre de prélèvement pour tisser 4 fils OWT, en utilisant 6 lisses et 4 pédales selon les principes DDS et DDP.

La marque "/" figurant au-dessus de l'ombrage clair indique l'entrelacement des extrémités de couture et la marque "X" figurant au-dessus de l'ombrage foncé indique l'entrelacement des extrémités de séparation centrale réalisé par DDS sans opération de lisses. La marque "X" au-dessus de la partie vierge indique la levée des extrémités de séparation de la face réalisée par la levée des lisses de séparation de la face ainsi que la levée des extrémités de séparation du dos réalisée par la levée des lisses de séparation du dos. Il est donc clair que le délestage est obtenu simplement en actionnant les lisses de couture en même temps que les lisses de séparation de la face et les lisses de séparation du dos.

Les lisses HL 1 et HL 2 des extrémités de piquage sont réglées pour maintenir toutes les extrémités au bas de l'anche afin de former une mèche fermée au bas de l'anche. Les lisses HL3 et HL4 des extrémités de séparation de face sont réglées pour fonctionner du centre vers le haut de l'anche. Les lisses HL5 et HL6 des extrémités de séparation arrière sont réglées pour fonctionner de bas en haut de l'anche. Toutes les lisses sont réglées avec un mouvement d'inversion vers le bas.

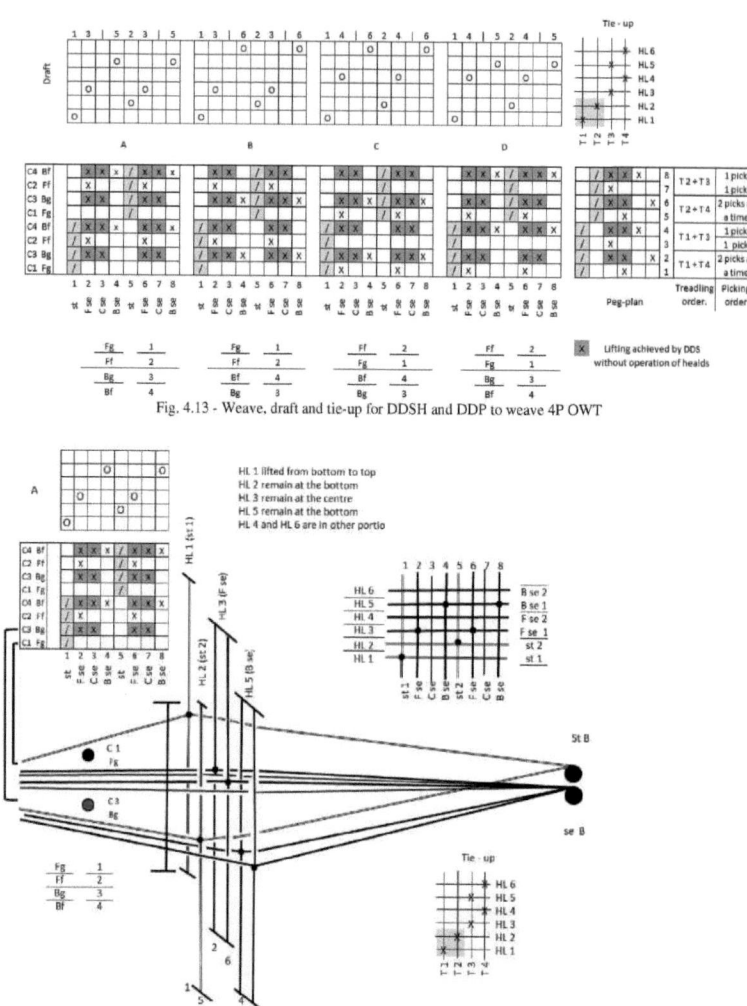

Fig. 4.13 - Weave, draft and tie-up for DDSH and DDP to weave 4P OWT

Fig. 4.14 - Mise en place des lisses pour le DDSH à l'étirement A/B/C/D pour le tissage de l'OWT 4P

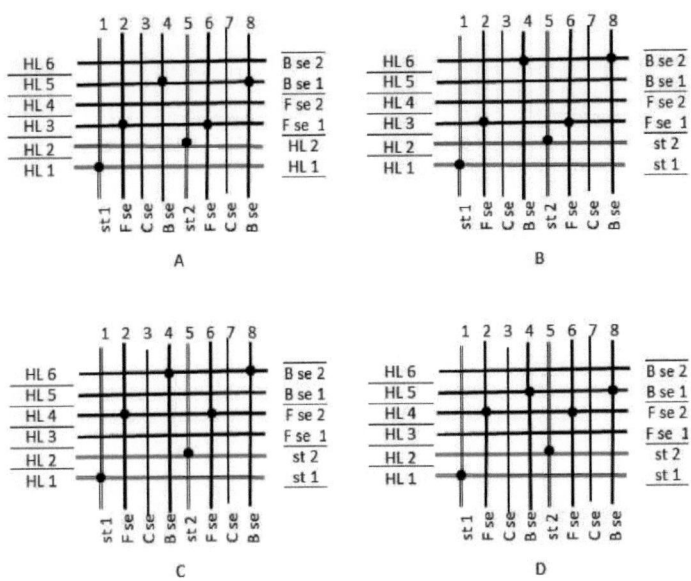

Fig. 4.15 - Quatre ordres de dessin différents pour DDSH afin de tisser 4P OWT

Un dossier séparé à la position de la tige de location est utilisé sous les extrémités de séparation centrales. La hauteur de ce support est réglée de manière à maintenir l'ensemble des extrémités de séparation centrales au centre de l'anche, ainsi que les extrémités de séparation frontales. Toutes les lisses sont réglées avec un mouvement d'inversion par le bas. Le haut des lisses HL1 et HL2 est relié séparément à deux pédales T1 et T2 pour soulever les extrémités de couture de bas en haut. Les lisses HL3 et HL5 sont reliées à une autre pédale T3. Les lisses HL4 et HL6 sont reliées à une autre pédale T4. Cette configuration initiale de DDS pour tisser 4 mèches OWT est illustrée à la Fig. 4.14, indiquant les lisses 3, 4 ensemble et également 5, 6 ensemble. Les quatre ordres d'étirage différents en quatre endroits différents sont également illustrés ensemble dans la Fig. 4.15 pour une meilleure compréhension. Les remises produites à l'ébauche A, B, C et D lors de l'introduction d'un jeu de deux pics sont représentées séparément. Il est donc nécessaire de voir l'ébauche et le délignage combinés pour connaître la levée des lisses et les extrémités correspondantes pour chaque délignage.

Pour effectuer la première mue, T1 et T4 sont pressés l'un contre l'autre. En raison de la mue fermée par le bas, lorsque T1 est pressé, HL1 se déplace vers le haut avec toutes les extrémités de couture impaires (st 1) de bas en haut du roseau, formant ainsi la couche supérieure. En même temps, HL2 reste en bas avec toutes les extrémités paires (st 2) à la base du roseau, formant la couche inférieure. HL4 est relevé en même temps que HL1 au niveau des tracés C et D. HL6 est également relevé en même temps que HL1 au niveau des tracés B et C. Ainsi, les extrémités de séparation de la face (F se) dessinées à travers HL4 se déplacent du centre vers le haut du peigne et les extrémités de séparation du dos (B se) dessinées à travers HL6 se déplacent du bas vers le centre du peigne. Les autres extrémités de séparation de la face dessinées à travers HL3 restent au centre du roseau avec les extrémités de séparation du centre. Les extrémités de séparation arrière tirées par HL5 restent au bas du roseau avec les extrémités de couture paires (st 2) formant la couche inférieure. Ainsi, deux couches d'étoffes - l'étoffe inférieure et l'étoffe supérieure - sont formées l'une au-dessus de l'autre. La couche supérieure de la bâche supérieure est formée avec les extrémités de couture impaires (st 1) ainsi que la partie des extrémités de séparation de la face. La couche inférieure de l'étoffe supérieure est formée avec des extrémités de séparation centrales entières, avec la partie des extrémités de séparation de la face et également avec la partie des extrémités de séparation du dos. Cette couche inférieure de la bâche supérieure constitue également la couche supérieure de la bâche inférieure. La couche inférieure de l'étoffe de fond est formée avec les extrémités de couture égales (st 2) ainsi qu'avec la partie des extrémités de séparation du dos.

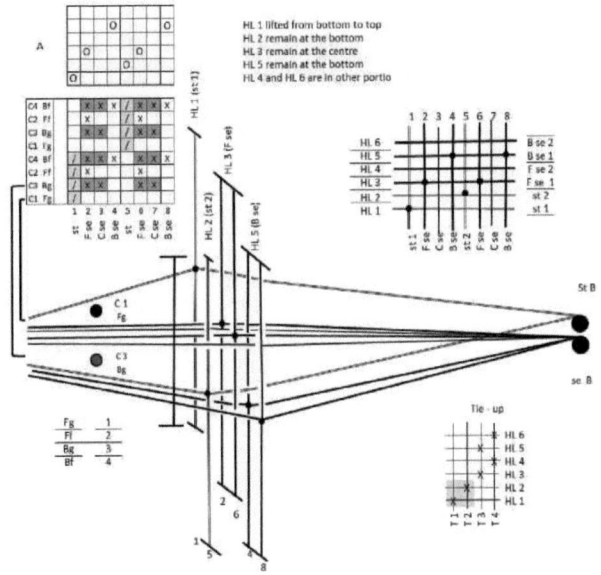

Fig. 4.16 - Insertion de Fg et Bg à l'étirage A de DDSH pour tisser 4P OWT

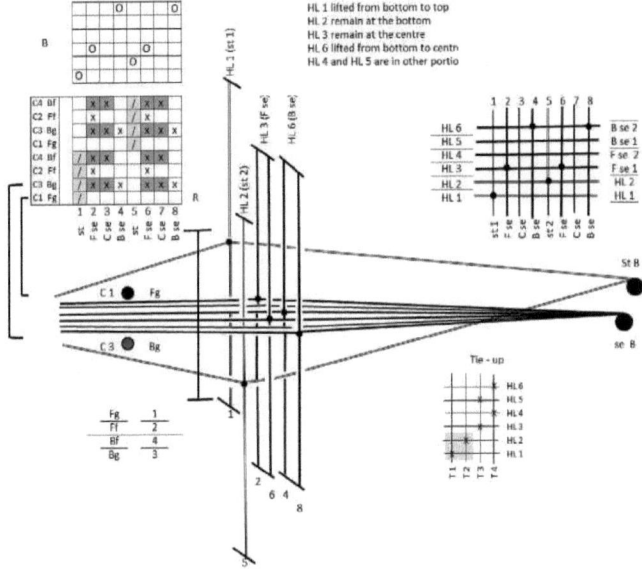

Fig. 4.17 - Insertion de Fg et Bg à l'étirage B de DDSH pour tisser 4P OWT

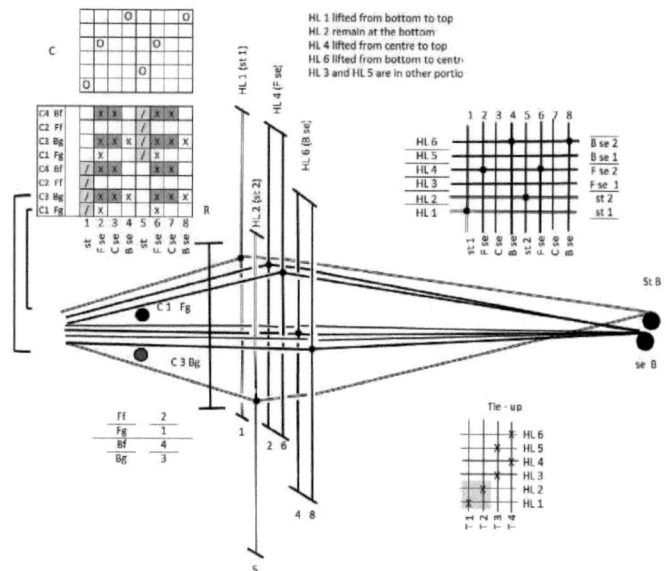

Fig. 4.18 - Insertion de Fg et Bg à l'étirage en C du DDSH pour tisser 4P OWT

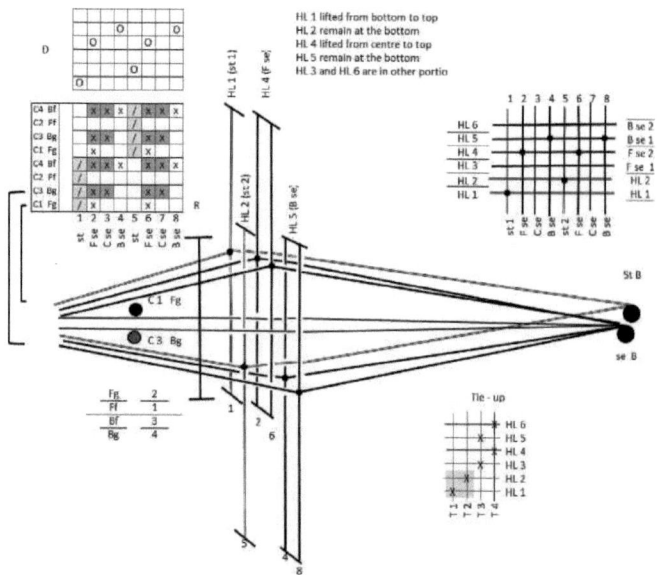

Fig. 4.19 - Insertion de Fg et Bg à l'étirage en D de DDSH pour tisser 4P OWT

Quatre navettes avec quatre trames de couleurs différentes sont utilisées. La première navette (C1) est lancée dans la remise supérieure. La pioche devient la pioche de la première face, c'est-à-dire la pioche de la première face au sol (Fg - C1). La troisième navette (C3) est lancée dans le hangar du bas. Le pic devient le premier pic arrière qui est le premier pic arrière au sol (Bg - C3). Le pic de face et le pic de dos ainsi insérés sont battus simultanément jusqu'à la chute du tissu.

Les quatre parties du hangar formées par les projets A, B, C et D, comme expliqué ci-dessus, sont représentées sur les figures 4.16, 4.17, 4.18 et 4.19 respectivement, avec les insertions de Fg - C1 et Bg - C3. Ces quatre parties de la remise doivent être lues ensemble et forment une seule remise.

Ensuite, en maintenant la pédale T1 enfoncée comme elle l'est, la pédale T3 est enfoncée à la place de T4. Lorsque les pédales T1 et T3 sont pressées ensemble, HL1 et la tige 1 restent en haut sans aucun changement. Les extrémités de séparation de la face tirées à travers le HL3 sont soulevées du centre vers le haut de l'anche, ce qui entraîne une levée opposée des extrémités de séparation de la face au sommet. Les extrémités de séparation du dos tirées à travers le HL5 sont également relevées du bas vers le centre du roseau, ce qui fait que les extrémités de séparation du dos sont relevées à l'opposé en bas. La deuxième navette (C2) est lancée dans le hangar supérieur. Ce pic devient le deuxième pic de face, c'est-à-dire le pic de figure de face (Ff -C2). La quatrième navette (C4) est lancée dans la remise du bas. Cette pioche devient la deuxième pioche arrière, c'est-à-dire la pioche de figure arrière (Bf-C4). Les deux aiguilles de face et de dos ainsi insérées sont battues simultanément jusqu'à la chute du tissu. Les quatre parties de la foule formées à l'ébauche A, à l'ébauche B, à l'ébauche C et à l'ébauche D, comme expliqué ci-dessus, sont illustrées aux figures 4.20, 4.21, 4.22 et 4.23 respectivement, ainsi que les insertions Bf et Ff. Ces quatre parties du hangar doivent être lues ensemble pour former un seul hangar.

Ensuite, la troisième mue est effectuée en appuyant sur les pédales T2 et T4. HL2 avec la deuxième maille, HL4 avec une partie des extrémités Fse et HL6 avec une partie des extrémités Bse se déplacent de leurs positions respectives. Les navettes avec les trames Fg et Bg sont propulsées dans la foule supérieure et inférieure respectivement. Ensuite, en maintenant la pédale T2 enfoncée comme elle l'est, la pédale T3 est enfoncée à la place de T4. Lorsque les pédales T2 et T3 sont pressées ensemble, HL2 et st2 restent en haut sans aucun changement. Les extrémités de séparation de la face tirées à travers le HL3 sont soulevées, ce qui entraîne un soulèvement opposé des extrémités de séparation de la face. Les extrémités de séparation arrière tirées à travers le HL5 sont relevées, ce qui fait que les extrémités de séparation arrière sont relevées en sens inverse.

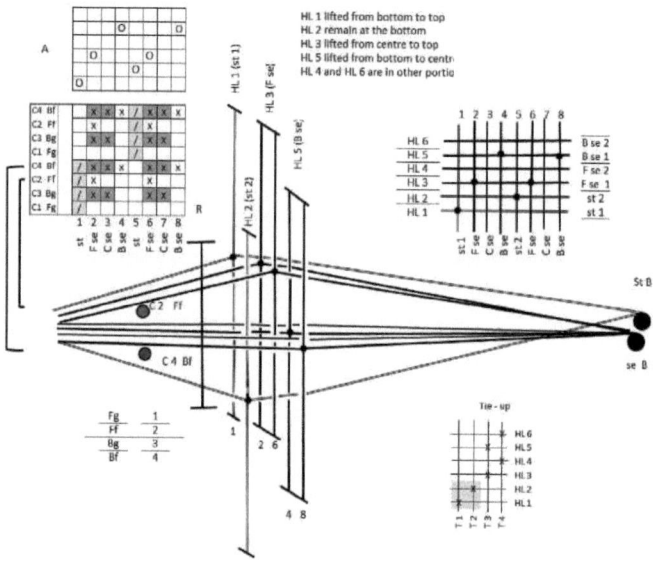

Fig. 4.20 - Insertion de Ff et Bf à l'étirage A de DDSH pour tisser 4P OWT

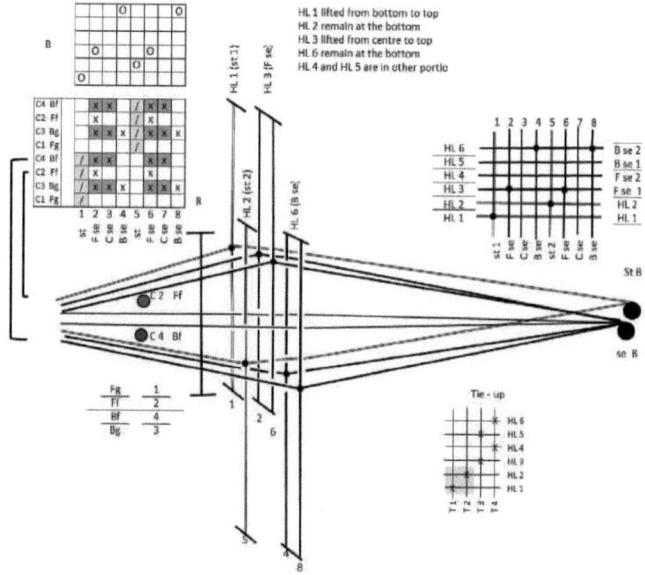

Fig. 4.21 - Insertion de Ff et Bf à l'étirage B du DDSH pour tisser 4P OWT

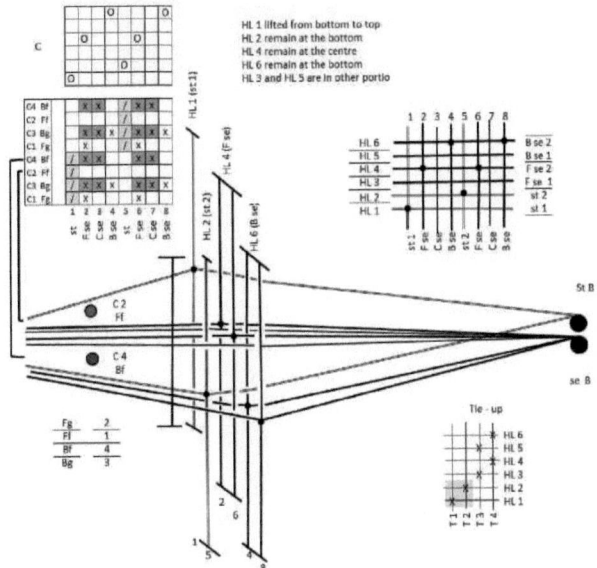

Fig. 4.22 - Insertion de Ff et Bf à l'étirage en C de DDSH pour tisser 4P OWT

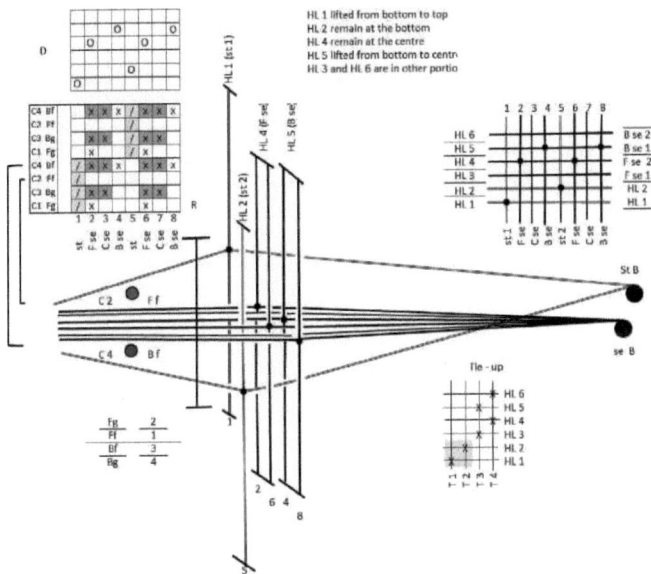

Fig. 4.23 - Insertion de Ff et Bf à l'étirage en D de DDSH pour tisser 4P OWT

La deuxième navette avec la trame Ff est insérée dans la foule supérieure et la quatrième navette avec la trame Bf est insérée dans la foule inférieure. Ces deux aiguilles sont battues ensemble sur le tissu. Ainsi, lors du tissage de l'armure OWT à 4 pics, l'insertion de huit pics par répétition de l'armure (deux pics de face avec deux pics de dos et à nouveau deux pics de face avec deux pics de dos) est complétée par quatre fois la mue à deux étages (DDS) avec huit fois le battage de la navette de jetée.

Le tableau 4.3 indique le dessin, le bosselage, le nombre de fils de chaîne et de trame et le motif de couleur de la trame pour tisser les trois effets différents de l'OWT à 4 mèches.

4.4.3 La collecte et le ramassage à deux étages

Lorsque la cueillette à deux étages est également utilisée avec le délestage à deux étages, la navette portant la trame de face (Fg) est conservée dans la boîte à navettes supérieure et la navette portant la trame de fond (Bg) est conservée dans la boîte à navettes inférieure. La navette de la trame de face (Ff) et la navette de la trame de fond (Bf) sont insérées par la prise de navette de jetée.

Le premier picot de fond de face et le premier picot de fond de dos sont insérés simultanément lors de la première cueillette à deux étages. Ensuite, le premier picot de figure de face et le premier picot de figure de dos sont insérés par le biais d'un cueilleur à navette. De nouveau, le deuxième picot de face et le deuxième picot de fond sont insérés simultanément au cours du deuxième prélèvement à deux étages. Ensuite, le deuxième picot de figure de face et le deuxième picot de figure de dos sont insérés à l'aide d'une navette à lancer.

Ainsi, lors du tissage de l'armure OWT à 4 pics, l'insertion de huit pics par répétition de l'armure (deux pics de face avec deux pics de dos et à nouveau deux pics de face avec deux pics de dos) est complétée par quatre mèches à deux étages (DDS) avec deux pics à deux étages (DDP) et quatre pics de navette à jeté.

Tableau 4.3 - Particularités de la maille à deux étages pour le tissage SFFFF de 4P OWT Ct d'avertissement (st) - 2/20^s ; Ct d'avertissement (se) - 2/20^s (2olv) ; Ct de trame - 2^s (2olv)

Drafting - 1, 2 heald carry st; 3, 4, 5, 6 carry se; ‖ indicates the end is taken directly without drawing in the heald wire.	Reed count (ends / dent)	Picks per inch	Weft Colours Face (F) Back (B)	Weft colour pattern No. of times Total picks	Tie-up & Treadle pressing plan
H. 4 picks OWT weave - Stripe colour effect / Stripe colour effect (Fig. 3.1 H)					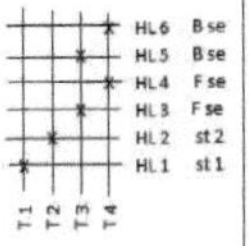
1, 3, ‖, 5, 2, 3, ‖, 5 –12 times – A	48^S	48	C1 – F	Colour 1 = 1 pick	
1, 3, ‖, 6, 2, 3, ‖, 6 – 12 times – B	(4)	24 – F	C2 – F	Colour 2 = 1 pick	
1, 4, ‖, 6, 2, 4, ‖, 6 – 12 times – C		24 - B	C3 – B	Colour 3 = 1 pick	
1, 4, ‖, 5, 2, 4, ‖, 5 –12 times – D			C4 – B	Colour 4 = 1 pick	
I. 4 picks OWT weave - Check colour effect / Stripe colour effect (Fig. 3.1 I)					
1, 3, ‖, 5, 2, 3, ‖, 5 –12 times – A	48^S	48	C1 – F	C 1 : C 2 : C 3 : C 4 -12 times = 48	
1, 3, ‖, 6, 2, 3, ‖, 6 – 12 times – B	(4)	24 – F	C2 – F	C 2 : C 1 : C 4 : C 3 -12 times = 48	
1, 4, ‖, 6, 2, 4, ‖, 6 – 12 times – C		24 - B	C3 – B	Total picks per pattern = 96	
1, 4, ‖, 5, 2, 4, ‖, 5 –12 times – D			C4 – B		T1 + T4- 2 Picks
J. 4 picks OWT weave - Check colour effect / Check colour effect (Fig. 3.1 J)					(1F, 1B)
1, 3, ‖, 5, 2, 3, ‖, 5 –12 times – A	48^S	48	C1 – F	C 1 : C 2 : C 3 : C 4 –12 times = 48	T1 + T3 - 2 Picks
1, 3, ‖, 6, 2, 3, ‖, 6 – 12 times – B	(4)	24 – F	C2 – F	C 1 : C 2 : C 4 : C 3 –12 times = 48	(1F, 1B)
1, 4, ‖, 6, 2, 4, ‖, 6 – 12 times – C		24 - B	C3 – B	C 2 : C 1 : C 3 : C 4 –12 times = 48	T2 + T4- 2 Picks
1, 4, ‖, 5, 2, 4, ‖, 5 –12 times – D			C4 – B	C 2 : C 1 : C 4 : C 3 –12 times = 48	(1F, 1B)
				Total picks per pattern = 192	T2 + T3 - 2 Picks (1F, 1B)

Tie-up plan (right column):
HL6 B se
HL5 B se
HL4 F se
HL3 F se
HL2 st 2
HL1 st 1
T1 T2 T3 T4

Source : Données primaires

CHAPITRE 5

5. FIGURE FACE-FLIP- FACE TISSU DE 3 PICS OWT TISSUS

5.1 Différentes méthodes de tissage

Le tissu à figures sur l'endroit ne peut pas être produit en utilisant l'armure OWT à 2 fils, car avec seulement deux trames, il n'est pas possible d'interchanger la trame pour former des figures indépendamment sur l'endroit et sur l'envers. FFFFF peut être produit en utilisant l'armure OWT à 3 fils. Dans ce type d'armure, deux trames de deux couleurs différentes s'interchangent pour former une figure sur l'endroit et celle-ci est soutenue par la trame de la troisième couleur, sans interchangement avec l'endroit, pour former un effet de couleur monochrome ou croisée sur l'envers. Les différents réglages du jacquard utilisés pour produire le FFFFF de l'armure OWT à 3 pics sont les suivants :

1. Méthode Jacquard sans lisses :

Dans cette méthode, toutes les extrémités sont contrôlées par des harnais individuels de jacquard.

2. Méthode Jacquard et lisses. Healds contrôlé par Jacquard :

Dans cette méthode, les extrémités de séparation sont contrôlées par le jacquard et les extrémités de couture par les lisses. Chaque lisses est reliée à une courte rangée de jacquard. Une seule pédale est utilisée pour actionner le jacquard qui, à son tour, actionne le harnais et les lisses ensemble.

3. Méthode Jacquard et méthode Healds. Les lisses sont commandées par une pédale séparée :

Dans cette méthode, les extrémités de séparation sont contrôlées par le jacquard et les extrémités de couture par les lisses. Chaque lisses est reliée à une pédale séparée, ainsi qu'à une pédale pour faire fonctionner le jacquard. Au total, trois pédales sont utilisées. L'une sert à faire fonctionner le jacquard et les deux autres à faire fonctionner deux lisses individuellement.

4. Méthode Jacquard et méthode des lisses. Ensemble Jacquard avec mèche à

deux étages :

Dans cette méthode, les extrémités de séparation de la face sont contrôlées par un jacquard et les extrémités de piquage par des lisses. Les extrémités de séparation centrales ne sont pas contrôlées par un jacquard ou des lisses. Les extrémités sont disposées de manière à former un hangar à deux étages. Chaque lisses est reliée à une pédale séparée, ainsi qu'à une pédale pour actionner le jacquard. Les pics sont insérés soit individuellement, soit par la méthode du double pont.

5.2 Toutes les méthodes Jacquard

Dans cette méthode, seul le jacquard est utilisé pour actionner toutes les extrémités sans utiliser de lisses. Considérons qu'un jacquard de 240 crochets est utilisé. Il est construit avec un lien droit. Chaque crochet (HK) contrôle un harnais (HR) dans la répétition. La chaîne est en 2 séries. L'une d'entre elles est constituée de fils de couture (st) et l'autre de fils de séparation (se). Le rapport entre les extrémités de couture et les extrémités de séparation est de 1:2. Ces deux séries de chaînes sont prises dans deux ensouples différentes. La chaîne de couture est maintenue en tension modérément lâche et l'ensouple de séparation en tension régulière. Etant donné que la prise de la chaîne de couture est beaucoup plus importante que celle de la chaîne de séparation, le rapport entre la longueur de la chaîne de couture et celle de la chaîne de séparation est de 3:1. Les 6 extrémités par répétition de l'armure sont tirées en continu à travers le harnais jacquard comme indiqué ci-dessous et bosselées 3/ dent.

St1 - HR1 (HK1),   Fse - HR2 (HK2),   Cse - HR3 (HK3),

St2 - HR4 (HK4),   Fse - HR5 (HK5),   Cse - HR6 (HK6).

Un jacquard de 240 crochets est utilisé. La trame pour la perforation est préparée en 240 bouts, ce qui correspond à la capacité du jacquard. Le nombre total de pics de la trame est proportionnel au nombre de pics par pouce et à la longueur du motif. Supposons que le nombre total de pics soit également de 240. Par conséquent, la taille du graphique de tissage est de 240 extrémités et 240 fils. La préparation du graphique de guidage est également essentielle avant de procéder à la préparation du graphique de tissage. Comme l'armure de base de 3 fils OWT se répète sur 6 fils et 6 fils, le nombre de fils utilisés pour la préparation du guide graphique est égal à un sixième (1/6) de la capacité du jacquard utilisé. Le nombre de fils pris dans le guide graphique est également égal à un sixième (1/6) du nombre total de fils à tisser. On prépare donc un guide graphique de 40 fils X 40 fils (240 crochets / 6 ; 240 fils / 6). Après avoir agrandi la figure simple de 40 x 40, elle est étagée et peinte en couleur dans la partie de la figure.

Le graphique de tissage est préparé en 240 x 240. Le pas du graphique 40 X 40 est copié sur le graphique 240 X 240 avec une mise à l'échelle de 6 fois dans les deux directions. Sur les deux trames présentées à la figure 5.1, AP est utilisée comme trame de fond et BP comme trame de figure pour produire le FFFFF de 3 pics OWT. L'armure AP est marquée dans la partie de base et l'armure BP est marquée dans la partie de figure. Le graphique de tissage est utilisé pour la perforation. 240 cartes sont perforées à partir de 240 trames de la trame, numérotées et lacées en série. Les cartes sont prêtes pour le tissage. La figure 5.1 montre une partie du diagramme de tissage terminé en 48 x 48 à partir des 8 x 8 du diagramme guide donné en haut.

Le tissage s'effectue avec trois navettes dans l'ordre 1 : 1 : 1. La première et la deuxième navette sont composées de deux couleurs différentes d'un même matériau, par exemple un fil de laine. La troisième navette contient une autre couleur du même fil de laine ou de coton.

Lorsque le jacquard électronique est utilisé, le graphique de perforation expliqué ci-dessus est préparé dans l'ordinateur et directement utilisé pour faire fonctionner le jacquard électronique sans passer par les cartes de perforation.

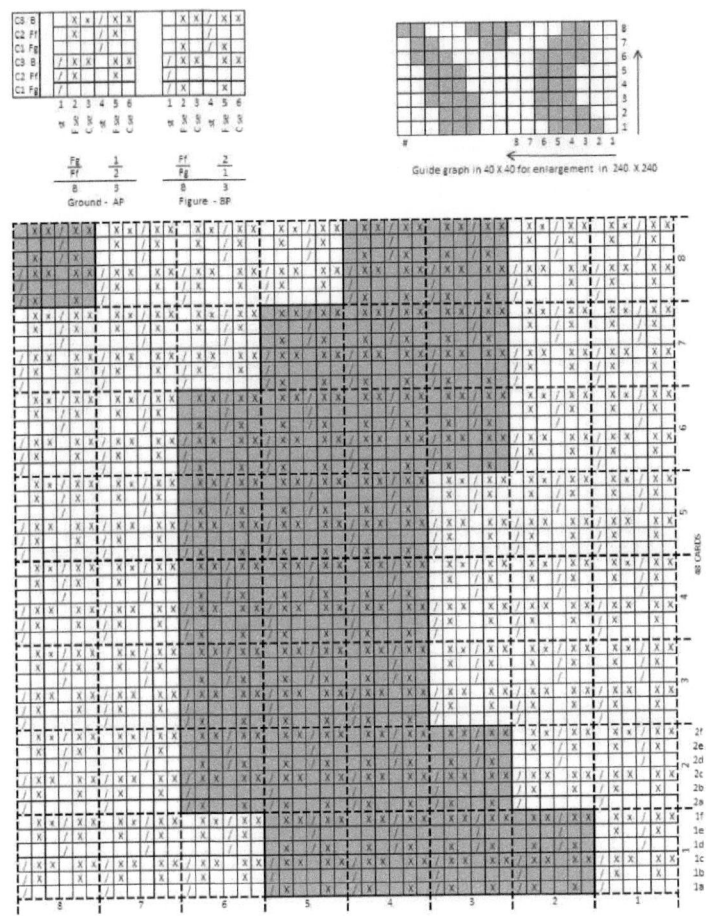

Fig. 5.1 - Graphique de poinçonnage en 48 X 48 pour toutes les méthodes jacquard

5.3 Méthode Jacquard et méthode Healds - simple foulée

Pour tisser FFFFF de 3P OWT en utilisant le jacquard et la lisses, il est nécessaire d'analyser les tissages de 3P OWT pour connaître l'ordre de levée des différentes extrémités pour les différentes pioches. Cette analyse permet de comprendre le concept du tissage FFFFF de 3 pics OWT en utilisant le jacquard et la lisses. Deux tissages de 3 fils OWT sont donnés à AP et BP dans la Fig. 5.2. Sur ces deux armures, l'une est utilisée comme armure de fond et l'autre comme armure de figure pour produire FFFFF de 3 pics OWT. L'armure AP est considérée comme l'armure de base et l'armure BP comme l'armure de figure. L'analyse de ces armures permet de tirer les conclusions suivantes.

- Les extrémités des coutures ne sont que dans deux ordres différents, à la fois dans la figure et dans le sol (/). Par conséquent, deux lisses suffisent pour contrôler la même chose. (HL1, HL2).

- Sur un ensemble de deux extrémités séparatrices Fse et Cse, l'extrémité séparatrice centrale (Cse) s'entrelace dans le même ordre à la fois dans la figure et au sol. Par conséquent, une lice ou un groupe de lices suffit pour contrôler la même chose. (HL3).

- Sur l'ensemble des deux extrémités de séparation Fse et Cse, toutes les extrémités de séparation de la face (Fse) s'entrelacent dans un ordre différent (ordre de figuration) à la fois dans la figure et dans le sol (X). C'est pourquoi un crochet jacquard individuel (H) est nécessaire pour les faire fonctionner.

- Lors de l'insertion de la pique arrière - troisième pique, en même temps que la Cse et l'une des St, toutes les extrémités des Fse contrôlées par le jacquard sont également levées. Par conséquent, une lisse séparée est également mise en place pour soulever toutes les Fse qui sont contrôlées par les crochets du jacquard. Après avoir été tirée à travers le harnais, chaque semelle est également tirée à travers un fil de lisses ouvert dans un arbre de lisses séparé. (OHL). Cela facilite le levage des semelles par le harnais jacquard conformément à l'ordre établi, sans qu'il y ait d'obstruction causée par le fil de lisses ouvertes lors de l'insertion des pics de face, ainsi que le levage de toutes les extrémités des semelles en soulevant les lisses ouvertes lors de l'insertion des pics de dos.

- Lors de l'insertion des deux premiers pics de face (Fg et Ff), les extrémités de Fse sont actionnées conformément à la figure et le sol est formé. En même temps que Fse, HL1 est également soulevé. Pour ce faire, des cartes perforées conformes au dessin sont utilisées pour actionner les extrémités Fse dans l'ordre de la figure et pour soulever l'une des lisses contrôlant les extrémités de piquage.

- Lors de l'insertion de l'aiguille arrière - troisième aiguille, toutes les extrémités de séparation ainsi que l'une des extrémités de couture sont soulevées. Pour ce faire, on soulève HL1 ou HL2 des extrémités St, OHL des extrémités Fse et HL3 des extrémités Cse.

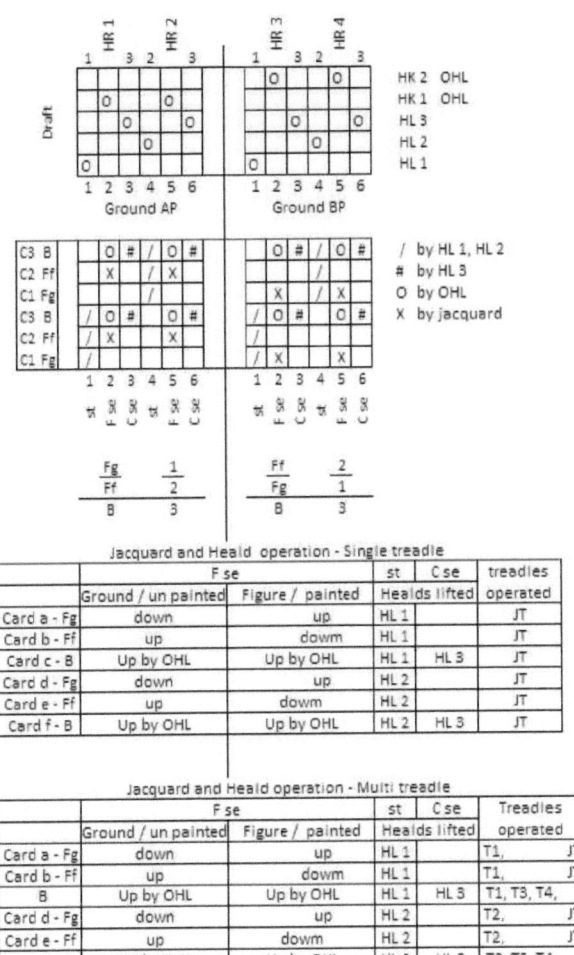

	F se		st	C se	treadles
	Ground / un painted	Figure / painted	Heals lifted		operated
Card a - Fg	down	up	HL 1		JT
Card b - Ff	up	dowm	HL 1		JT
Card c - B	Up by OHL	Up by OHL	HL 1	HL 3	JT
Card d - Fg	down	up	HL 2		JT
Card e - Ff	up	dowm	HL 2		JT
Card f - B	Up by OHL	Up by OHL	HL 2	HL 3	JT

Jacquard and Heald operation - Single treadle

	F se		st	C se	Treadles	
	Ground / un painted	Figure / painted	Heals lifted		operated	
Card a - Fg	down	up	HL 1		T1,	JT
Card b - Ff	up	dowm	HL 1		T1,	JT
B	Up by OHL	Up by OHL	HL 1	HL 3	T1, T3, T4,	
Card d - Fg	down	up	HL 2		T2,	JT
Card e - Ff	up	dowm	HL 2		T2,	JT
B	Up by OHL	Up by OHL	HL 2	HL 3	T2, T3, T4,	

Jacquard and Heald operation - Multi treadle

Fig. 5.2 - Analyse de l'armure pour la méthode jacquard et la méthode healds

La figure 5.2 montre l'analyse de l'armure de base et de l'armure de figure pour chaque pioche. La figure montre l'analyse des tissages pour les lisses contrôlées par le jacquard et les lisses contrôlées par une pédale séparée. L'armure est représentée avec différents styles de marquage afin de bien comprendre le concept. La marque '/' indique la fin de la couture par HL1 et HL 2. La marque '#' indique la fin de la séparation centrale par HL3.

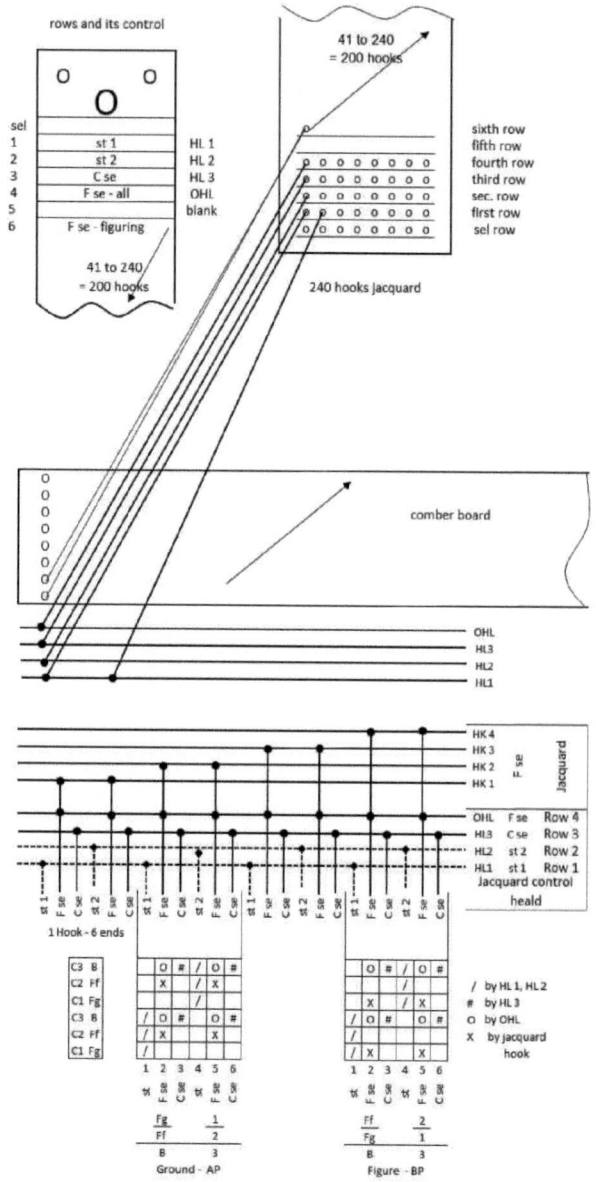

Fig. 5.3 - Construction d'un harnais pour la méthode jacquard et healds - Pédale simple

La marque "O" indique la séparation de la face vers le haut par la lisse ouverte OHL qui est également actionnée individuellement par le crochet du jacquard. Le fonctionnement des pédales est également indiqué sur le côté droit. La figure montre également que l'insertion du pic arrière est réalisée en actionnant simplement les lisses sans utiliser de cartes, dans le cas où les lisses sont actionnées par des pédales.

L'analyse de l'armure montre clairement que FFFFF de 3 pics OWT peut être tissé en utilisant le Jacquard combiné à 4 lisses (3 lisses régulières et une lisse ouverte). Ces lisses sont actionnées en les reliant aux crochets du jacquard. On utilise un jacquard ordinaire d'une capacité de 240 crochets (30 rangs X 8 crochets par rang). Sur les cinq premières rangées, quatre sont utilisées pour contrôler quatre arbres de lisses. C'est-à-dire que chaque rangée contrôle un arbre de lisses. La première rangée contrôle HL1 de St1, la deuxième rangée contrôle HL2 de St2, la troisième rangée contrôle HL3 de Cse et la quatrième rangée contrôle OHL de Fse. Les 200 crochets restants (25 rangées X 8) du jacquard sont utilisés pour la construction de harnais à attaches droites et à échelons. Chaque crochet du jacquard est relié à deux harnais pour tirer 2 Fse. La construction du harnais, la connexion des lisses et le dessin sont illustrés à la figure 5.3. L'ordre de dessin des différentes extrémités et leur contrôle sont également indiqués dans le tableau 5.1 pour une meilleure compréhension et une meilleure comparaison.

Tableau 5.1 - Ordre de dessin pour la méthode jacquard et la méthode healds - Pédale simple

Name of end	Drafted in	Operated by
First end - St1	Heald 1 (HL1)	First row of J/d
Second end - Fse	Jacquard Harness 1 (Hr1) and also in Open Heald (OHL)	Figuring Hook 1- (HK1) and also Fourth row of J/d
Third end - Cse	Heald 3 (HL3)	Third row of J/d
Fourth end - St2	Heald 2 (HL2)	Second row of J/d
Fifth end - Fse	Jacquard Harness 2 (Hr2) and also in Open Heald (OHL)	Figuring Hook 1- (HK1) and also Fourth row of J/d
Sixth end - Cse	Heald 3 (HL3)	Third row of J/d
Total - 6 ends achieved from 1 Hook **Total - 1200 ends achieved from 200 Hooks**		

D'après le tableau de dessin, il est clair que chaque crochet figuratif permet de contrôler les 6 bouts de la répétition de l'armure. C'est-à-dire 2 St + 2 Fse + 2 Cse. Par conséquent, le nombre total de bouts par répétition avec 200 crochets est de 1200 bouts. Au total, trois bouts (un bout de couture et deux bouts de séparation) sont pris dans une bosse. Avec 48^S - 3 par dent, le nombre de bouts par pouce est de 72 et la taille de la répétition est de 16.66".

Total des extrémités à agrandir = Capacité des crochets de figuration = 200 extrémités

Nombre total de pics pour l'agrandissement = proportionnel à la longueur du dessin = 200 pics (si la longueur du dessin = la largeur du dessin et les extrémités par pouce = pics par pouce) L'agrandissement et l'étagement se font régulièrement. La partie du dessin est peinte. Il n'est pas nécessaire d'introduire des marques de tissage.

La figure 5.4 montre la partie du graphique de poinçonnage en 16 X 8 sur le graphique complet en 200 X 200. Six cartes sont indiquées avec la procédure de poinçonnage pour chacune d'entre elles. Les différents styles de marques indiquent les trous faits dans la carte correspondant à la levée de la lisse et du crochet.

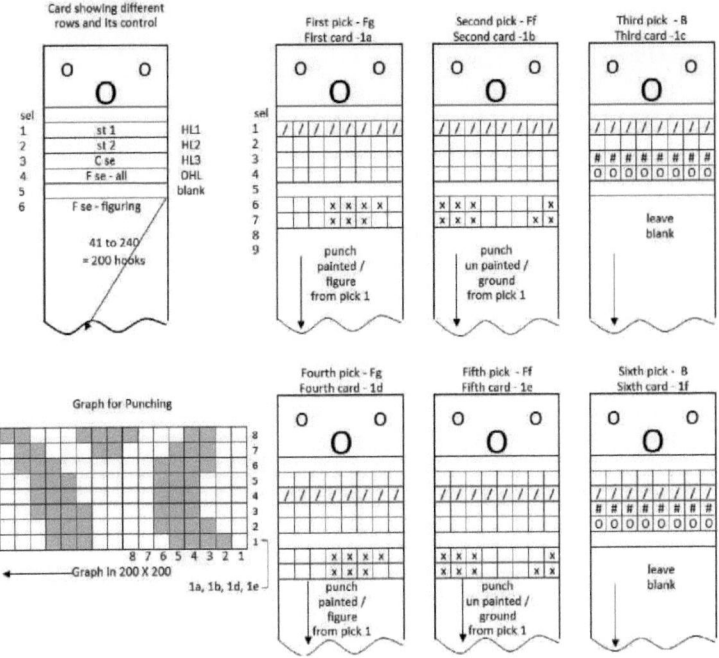

Fig. 5.4 - Procédure de poinçonnage pour la méthode jacquard et healds - pédale simple

La procédure de poinçonnage pour FFFFF de 3 pics OWT utilisant le jacquard et 4 lisses est également donnée dans le tableau 5.2 suivant pour faciliter la comparaison.

Tableau 5.2 - Procédure de poinçonnage pour la méthode jacquard et la méthode healds - pédale simple

Card / Pick	HL 1 of St 1 by row 1	HL 2 of St 2 by row 2	HL 3 of Cse by row 3	OHL of Fse by row 4	Fse by hooks 41 to 240	Ends lifted
Card 1a – Fg1 First pick	Punch	---			Punch figure – First pick of graph	All odd St, Fse in figure
Card 1b - Ff 1 Second pick	Punch	---			Punch ground – First pick of graph	All odd St , Fse in ground
Card 1c - B1 Third pick	Punch	---	Punch	Punch	----	All odd St, All Fse, Cse
Card 1d- Fg 2 Fourth pick		Punch			Punch figure – First pick of graph	All even St, Fse in figure
Card 1e - Ff 2 Fifth pick		Punch			Punch ground – First pick of graph	All even St, Fse in ground
Card 1f - B2 Sixth pick –		Punch	Punch	Punch	----	All even St, All Fse, Cse
Total - 6 cards punched from 1 pick of graph to weave 6 picks Total - 1200 cards punched from 200 picks of graph to weave 1200 picks							

Les cartes sont lacées en série dans l'ordre suivant : 1a, 1b, 1c, 1d, 1e, 1f, 2a, 2b, 2c, 2d, 2e, 2f,   200a, 200b, 200c, 200d, 200e, 200f. Le **tissage** est effectué avec trois

navettes dans l'ordre 1 : 1 : 1. La première et la deuxième navette sont composées de deux couleurs différentes d'un même matériau, par exemple un fil de laine. La troisième navette a une autre couleur du même fil de laine ou de coton.

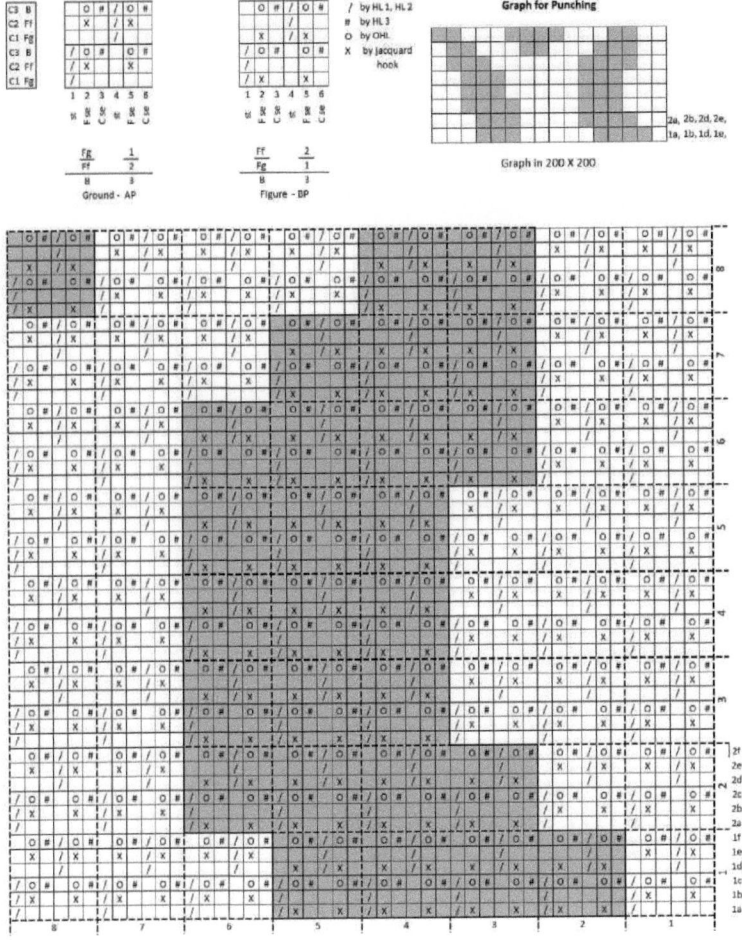

Fig. 5.5 - Le graphique de tissage en 48 X 48 correspond au graphique de poinçonnage de 8 X 8

Le graphique de la figure 5.5 est très similaire à celui de la figure 5.1, sauf que les levées des différentes extrémités sont indiquées par différents styles de marquage correspondant à la levée obtenue par lisses ou par crochets. Le graphique de la figure 5.1 est utilisé pour le poinçonnage, mais le graphique de la figure 5.5 montre l'interlacement de 48 x 48 obtenu par le poinçonnage du premier graphique guide de 8 x 8, conformément à la procédure de poinçonnage expliquée ci-dessus.

5.4 Méthode Jacquard et Healds - Multi Treadles

Comme expliqué ci-dessus, avec le système jacquard et lisses, dans lequel le jacquard contrôle les lisses, la capacité du jacquard est augmentée par l'utilisation de lisses. Mais il est nécessaire d'utiliser une carte pour chaque mèche de trame tissée, car les lisses sont contrôlées par le jacquard. En raison de l'augmentation du nombre de fils par pouce, le nombre de cartes utilisées augmente également. Au lieu de cela, dans l'installation jacquard et lisses, si des pédales séparées sont utilisées pour contrôler les lisses, l'utilisation de 4 cartes à chiffres permet de tisser six fils en combinant la pédale jacquard et la pédale lisses, selon les besoins.

La méthode de tissage FFFFF de 3 fils OWT en utilisant le Jacquard combiné à 4 lisses actionnées par 4 pédales séparées au lieu de les connecter aux crochets du jacquard est donnée dans la Fig. 5.6. Un jacquard ordinaire, d'une capacité de 240 crochets (30 rangées x 8 crochets par rangée) est utilisé. Ce jacquard est entièrement utilisé pour contrôler les extrémités de la Fse. Le jacquard est construit avec un harnais à cravate droite et à échelons. Chaque crochet du jacquard est relié à deux harnais pour dessiner 2 Fse. En plus du jacquard, 4 lisses sont utilisées comme dans la méthode précédente, mais elles sont contrôlées par des pédales séparées. La connexion entre les 4 pédales et les 4 lisses est indiquée par le côté droit des lisses, sous la planche à peigne de la figure 5.6. A part cela, le jacquard est contrôlé par une pédale JT séparée.

La préparation de la chaîne, l'étirage et le dentelage sont les mêmes que ceux effectués précédemment. La préparation du graphique de perforation simple est également similaire, à l'exception du nombre total de pics utilisés pour l'agrandissement, qui est de 240 au lieu de 200, étant donné que tous les 240 crochets sont utilisés pour le chiffrage. Le nombre total de pics pris dans le graphique pour l'agrandissement est proportionnel au nombre de pics par pouce et à la longueur du dessin, soit 240 pics, si la longueur du dessin est égale à sa largeur. Seules les procédures de perforation et de tissage sont complètement différentes pour cette configuration.

L'ordre d'élaboration des différentes extrémités et leur contrôle est également indiqué dans le tableau 5.3 pour une meilleure compréhension et une meilleure comparaison. D'après l'ordre d'élaboration, il est clair que chaque crochet figurant avec 4 lisses permet de contrôler 6 extrémités de la répétition de l'armure, soit 2 St + 2 Fse +2 Cse. C'est-à-dire 2 St + 2 Fse   +2 Cse. Par conséquent, le nombre total de bouts par répétition est de 240

Les crochets sont au nombre de 1440 (240 x 6 = 1440). Un bout de couture et deux bouts de séparation, soit trois bouts au total, sont pris dans une bosse.

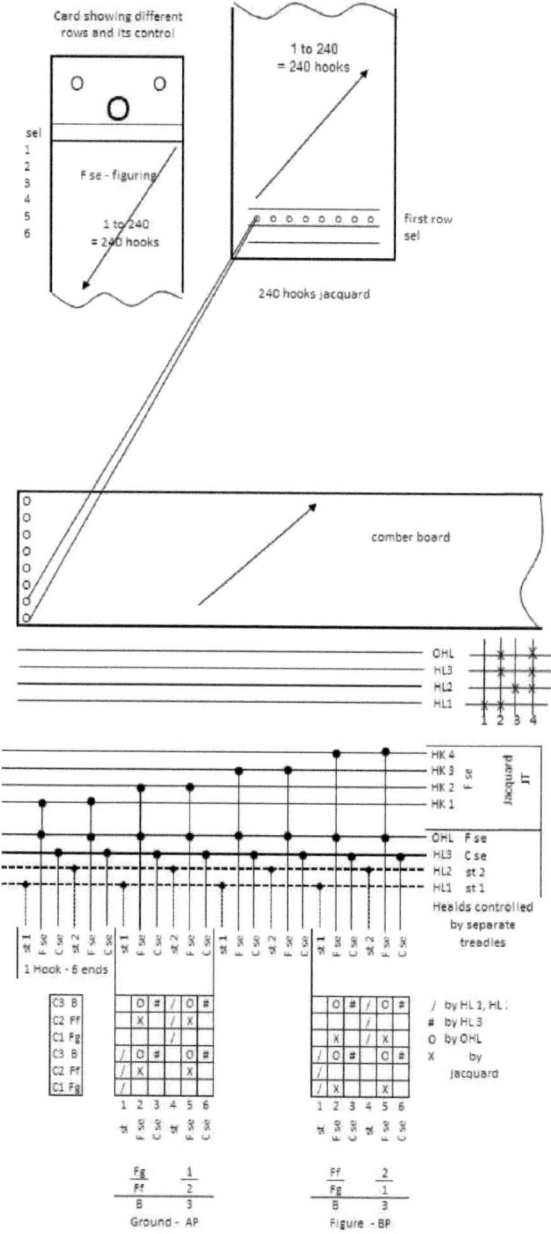

Fig. 5.6 - Construction du harnais pour le jacquard et la méthode healds - multi-pédale

Tableau 5.3 - Ordre de dessin jacquard et méthode healds - multi-treadle

Name of end	Drafted in	Operated by
First end - St1	Heald 1 (HL1)	Heald Treadle
Second end - Fse	Jacquard Harness 1 (HR 1) and also in Open Heald (OHL)	HK1 - Treadle JT and Heald Treadle
Third end - Cse	Heald 3 (HL3)	Heald Treadle
Fourth end - St2	Heald 2 (HL2)	Heald Treadle
Fifth end - Fse	Jacquard Harness 2 (HR 2) and also in open Heald (OHL)	HK1 - Treadle JT and Heald Treadle
Sixth end - Cse	Heald 3 (HL3)	Heald Treadle
Total - 6 ends achieved from 1 Hook **Total - 1440 ends achieved from 240 Hooks**		

Avec 48 peignes[S] - 3 par dent, les extrémités par pouce sont de 72 et la taille de la répétition est de 20".

Total des extrémités à agrandir = Capacité des crochets de figuration = 240 extrémités

Nombre total de pics pour l'agrandissement = proportionnel à la longueur du dessin = 240 pics (si la longueur du dessin est égale à la largeur du dessin et si les extrémités par pouce sont égales aux pics par pouce). L'agrandissement et l'étagement se font de manière régulière. La partie du dessin est peinte. Il n'est pas nécessaire d'introduire des marques de tissage.

Le poinçonnage est effectué à partir du graphique de guidage de la manière suivante, qui est également indiquée en montrant 4 cartes dans la Fig. 5.7.

Carte (1a) - Poinçon de face - Poinçonner la portion de figure du premier poinçon du graphique.

Carte (1d) - Pique face au sol - Poinçonner la partie de la figure à partir de la première pioche du graphique. Carte (1b) - Poinçon de la figure de face - Poinçonner la partie du sol à partir de la première prise du graphique. Carte (1e) - Poinçon de figure de face - Poinçonner la partie du sol à partir de la première prise du graphique.

Ainsi, 960 cartes sont perforées à partir de 240 pics de graphes. Les cartes sont lacées en série dans l'ordre suivant : 1a, 1b, 1d, 1e ; 2a, 2b, 2d, 2e ;   240a,

....240b, 240d, 240e.

Le tableau 5.4 présente la technique de tissage en détaillant le fonctionnement des différentes pédales pour l'insertion des différents pics, ainsi que le fonctionnement du jacquard. D'après le tableau, il convient de noter que les pics dorsaux sont tissés sans cartes. En d'autres termes, sur six pics, quatre pics de face sont tissés avec quatre cartes et deux pics de dos sont tissés sans cartes. Il en résulte une économie d'un tiers (33,3 %) des cartes.

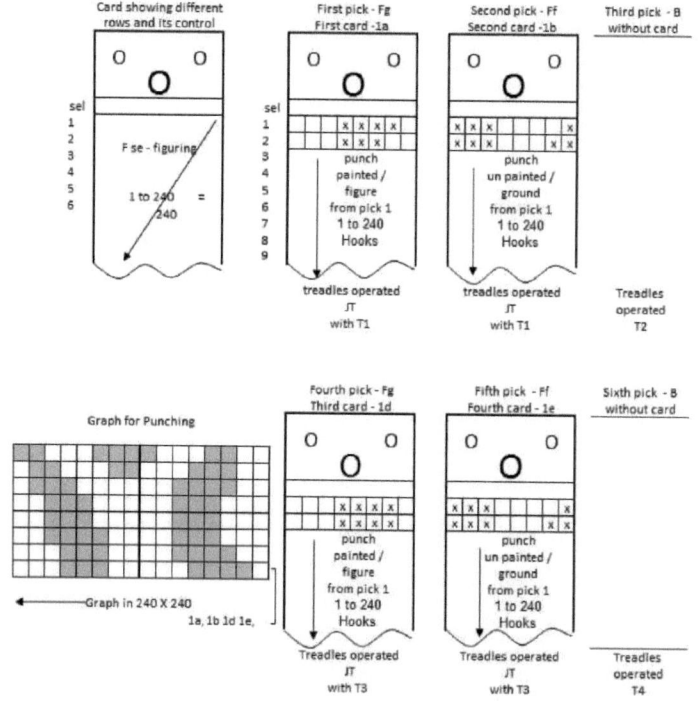

Fig. 5.7 - Procédure de poinçonnage pour la méthode jacquard et healds - multi treadle

Tableau 5.4 - Procédure de tissage pour la méthode jacquard et la méthode healds - multi-treadle

Pick woven	Card	Jacquard operation	Heald operation	Treadles operated
First pick - Fg1	Card 1a	Lifted	HL1 of St 1	T1 and JT
Second pick - Ff1	Card 1b	Lifted	HL1 of St 1	T1 and JT
Third pick - B	No card	Kept idle	HL1, HL3 and OHL	T2
Fourth pick - Fg2	Card 1d	Lifted	HL2 of St 2	T3 and JT
Fifth pick - Ff2	Card 1e	Lifted	HL2 of St 2	T3 and JT
Sixth pick - B	No card	Kept idle	HL2, HL3 and OHL	T4
Total - 4 cards are punched from 1 pick of guide graph and 6 picks are woven. Total - 960 cards are punched from 240 picks of guide graph and 1440 picks are woven.				

5.5   Méthode Jacquard et Healds - DDSJ

5.5.1 Dérivation de la méthodologie

FFFFF de l'OWT à 3 pics est également tissé en utilisant la méthode Double Decker Shedding - Jacquard (DDSJ). Comme pour le tissage SFFFF de l'OWT à 3 fils avec DDSH, les différentes extrémités sont mises en place pour former DDSJ afin de tisser FFFFF. La figure 5.8 montre l'analyse du tissage au sol et du tissage de figures de 3 pics OWT pour chaque picot dans la méthode DDS avec jacquard. L'ordre des pics du tissage OWT à 3 pics est modifié en Fg, B, Ff au lieu de Fg, Ff, B. Ceci est dû au fait que les insertions de pics sont suivies dans un rapport 1 face : 1 dos : 1 face dans le DDS suivi du DDP.

L'armure est représentée avec différents styles de marquage pour bien comprendre le concept. '/' - la marque indique l'extrémité de piquage par les lisses HL1 et HL 2. 'X' - la marque indique l'extrémité de séparation de la face actionnée par le crochet jacquard. X" - la marque montre la séparation de la face et du centre par le système DDS sans l'utilisation de lisses ou de harnais. Les opérations des pédales sont également indiquées sur le côté droit. Le graphique de tissage montre également que l'insertion de la trame arrière est réalisée par DDS sans utiliser de cartes.

- Les extrémités de couture de deux lisses sont réglées au niveau de la partie inférieure de l'anche et actionnées de haut en bas de la partie inférieure à la partie supérieure de l'anche.

- Les extrémités de séparation des faces tirées à travers le harnais jacquard sont placées au niveau du centre de l'anche et actionnées du centre vers le haut de l'anche.

- Les extrémités séparatrices centrales sont maintenues au centre du roseau sans l'étirer en lisses ou en jacquard.

- Lors de l'insertion de la première série de trois pics, une extrémité de la couture est maintenue vers le haut et l'autre vers le bas. La fois suivante, les extrémités de la couture sont inversées.

- Il en résulte la formation de DDS l'un au-dessus de l'autre à la hauteur donnée de l'anche.

- Avec la méthode DDS, le FFFFF de l'OWT à 3 pics peut être tissé en utilisant seulement 2 lisses pour les extrémités de couture et un jacquard pour les extrémités de séparation des faces.

- En gardant les deux cabanes formées l'une au-dessus de l'autre, deux pics à facettes sont insérés dans la cabane supérieure en actionnant les extrémités de la Fse du centre vers le haut.

- Simultanément, le pic arrière est inséré dans le hangar inférieur.

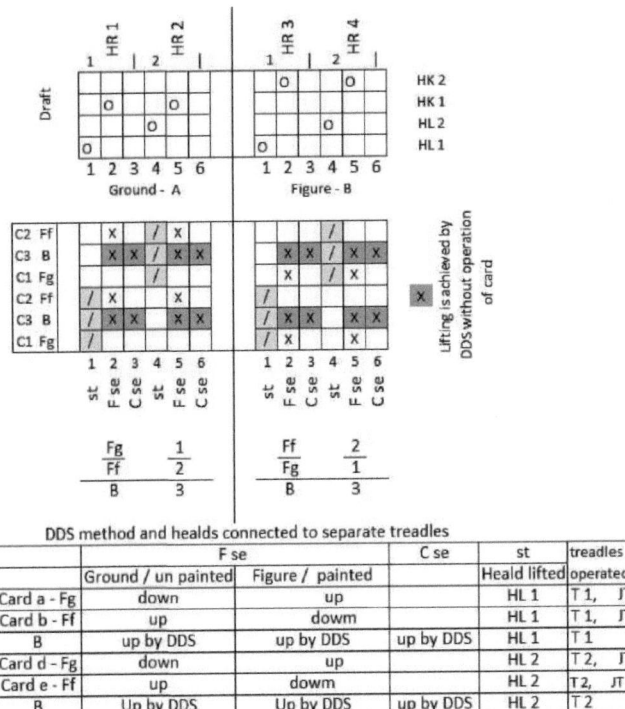

DDS method and healds connected to separate treadles

	F se		C se	st	treadles
	Ground / un painted	Figure / painted		Heald lifted	operated
Card a - Fg	down	up		HL 1	T 1, JT
Card b - Ff	up	dowm		HL 1	T 1, JT
B	up by DDS	up by DDS	up by DDS	HL 1	T 1
Card d - Fg	down	up		HL 2	T 2, JT
Card e - Ff	up	dowm		HL 2	T 2, JT
B	Up by DDS	Up by DDS	up by DDS	HL 2	T 2

Fig. 5.8 - Analyse de tissage pour la méthode DDSJ pour tisser 3P OWT

5.5.2 Réglage du métier à tisser

La chaîne est composée de 2 séries. L'une des chaînes est constituée de points de couture (st) et l'autre de points de séparation (se). Le rapport entre les extrémités de couture et les extrémités de séparation est de 1:2. Ces deux séries de chaînes doivent être prises dans deux ensouples différentes. L'ensouple de couture doit être en tension modérément lâche et l'ensouple de séparation en tension régulière. Etant donné que la prise de la chaîne de couture est beaucoup plus importante que celle de la chaîne de séparation, le rapport entre la longueur de la chaîne de couture et celle de la chaîne de séparation est de 3:1 à 4:1.

La capacité du jacquard est de 240 crochets par exemple. Le harnais est construit en reliant continuellement deux harnais à chaque crochet, ce qui donne 480 harnais par répétition. Deux lisses sont placées devant le harnais. La première extrémité de couture (st 1) est tirée à travers la lisse 1 (HL 1). L'extrémité de séparation suivante de la face (F se) est tirée à travers le harnais 1 (HR 1) contrôlé par le crochet 1 (HK1). L'extrémité centrale de séparation (C se) est simplement tirée entre le harnais et le fil. La deuxième extrémité de couture (st 2) est tirée à travers HL 2. L'extrémité de séparation suivante (F se) est tirée à travers HR 2, qui est également contrôlée par HK1. L'extrémité de séparation centrale suivante (C se) est simplement prise entre le harnais et le fil.

De nouveau, dans la série suivante de six extrémités, la première extrémité de couture (st 1) est tirée à travers HL 1. L'extrémité de séparation de face suivante (F se) est tirée à travers le HR 3 contrôlé par HK2. L'extrémité centrale de séparation (C se) est simplement tirée entre le harnais et le fil. La deuxième extrémité de couture (st 2) est tirée à travers HL 2. L'extrémité de séparation suivante (F se) est tirée à travers HR 4 qui est également contrôlée par HK2. L'extrémité de séparation centrale suivante (C se) est simplement prise entre le harnais et le fil.

La rédaction de six bouts par répétition de 3 pioches OWT est indiquée comme suit.

1, 2, 3,   4, 5, 6 =   HL1, HR1, |, HL2, HR2, | c'est-à-dire

st, Fse, Cse, st, Fse, Cse = HL1, HK1, ||, HL2, HK1, || . Dans ce cas

1, 2, 3,   4, 5, 6 =   HL1, HR3, |, HL2, HR4, | c'est-à-dire

st, Fse, Cse, st, Fse, Cse = HL1, HK2, ||, HL2, HK2, || et ainsi de suite

D'après la rédaction, il est clair que chaque crochet de figuration, ainsi que les 2 lisses, permettent de contrôler les 6 extrémités de la répétition du tissage. C'est-à-dire 2 St + 2 Fse + 2 Cse. Le dessin se poursuit pendant 240 fois à raison de 6 bouts par répétition, soit un total de 1440 bouts. 480 fils de couture sont dans les lisses, 480 fils de séparation des faces sont dans le harnais, et 480 fils centraux sont sans lisses ni harnais. Un bout de couture et deux bouts de séparation, soit trois bouts au total, sont pris dans une bosse. Avec 48 anches· - 3 par dent, le nombre de bouts par pouce est de 72 et la taille de la répétition est de 20". La construction du harnais, l'installation de la lisse et le dessin sont illustrés à la figure

5.9. La hauteur de l'anche est à peine supérieure au double de la hauteur de la navette utilisée. Un roseau de 4" de hauteur est utilisé si la hauteur de la navette est de 1,5" (2 X 1,5" + 1").

Total des extrémités à agrandir = Capacité des crochets de figuration = 240 extrémités

Total des pioches pour l'agrandissement = proportionnel à la longueur du dessin = 240 pioches (si la longueur du dessin est égale à la largeur du dessin et si les extrémités par pouce sont égales aux pioches par pouce).

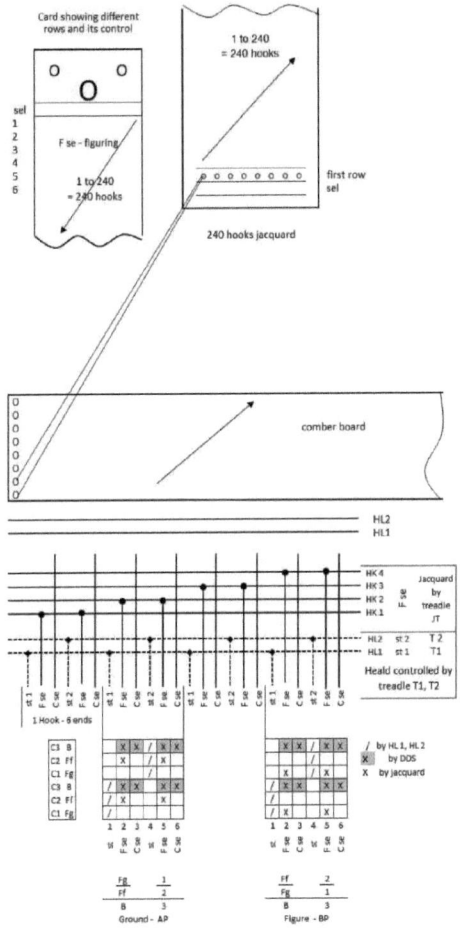

Fig. 5.9 - Construction d'un harnais pour la méthode DDSJ pour tisser 3P OWT

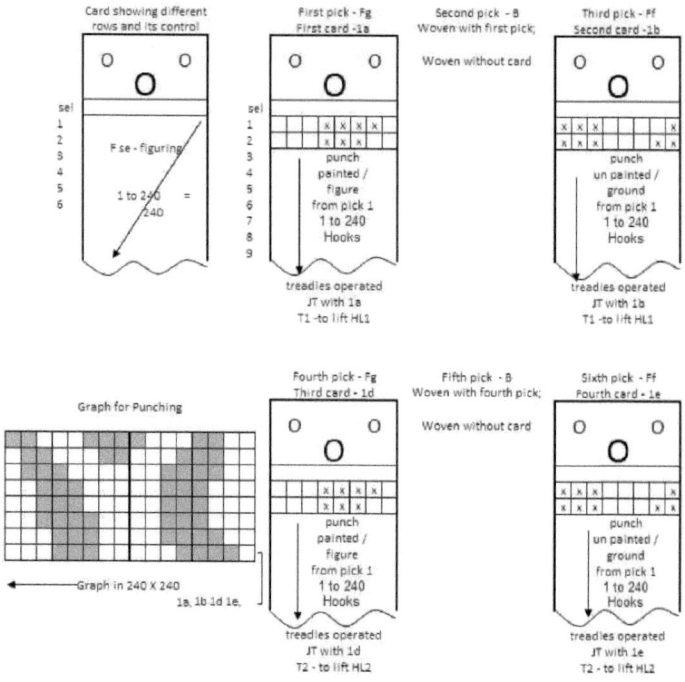

Fig. 5.10 - Procédure de poinçonnage pour la méthode DDSJ pour tisser 3P OWT

L'agrandissement et l'étagement sont effectués régulièrement. La partie de la figure est peinte. Il n'est pas nécessaire d'introduire des marques de reliure. La procédure de perforation est la suivante.

Carte (1a) - Poinçon de face - Poinçonner la portion de figure du premier poinçon du graphique.

Carte (1d) - Poinçon de face - Poinçon de la partie de la figure du premier poinçon du graphique.

Carte (1b) - Poinçon de la figure de face - Poinçonner la partie au sol du premier poinçon du graphique.

Carte (1e) - Poinçon de la figure de face - Poinçon de la partie terrestre du premier poinçon du graphique.

Ainsi, 960 cartes sont perforées à partir de 240 pics de graphes. Les cartes sont lacées en série dans l'ordre suivant : 1a, 1b, 1d, 1e ; 2a, 2b, 2d, 2e ;   240a,

.... 240b, 240d, 240e.

Une partie du graphique de perforation et 4 cartes avec la procédure de perforation ci-dessus sont montrées dans la Fig. 5.10.

Les lisses HL1 et HL2 des extrémités de piquage sont réglées pour former une mèche fermée au bas de l'anche. Les harnais des extrémités de séparation des faces sont réglés de manière à former une mèche fermée au centre de l'anche. Un dossier séparé à la position de la tige de location est utilisé sous les extrémités de séparation centrales. La hauteur de ce dossier est ajustée pour maintenir toutes les extrémités de séparation centrales au centre de l'anche, ainsi que les extrémités de séparation frontales. Les lisses supérieures HL1, HL2 sont reliées séparément à deux pédales T1 et T2 pour soulever les extrémités de couture de la base du peigne à la partie supérieure du peigne. De même, le jacquard est actionné par une pédale séparée JT pour soulever les extrémités de séparation des faces depuis le centre du peigne jusqu'au sommet du peigne. La figure 5.11 montre la configuration initiale du DDSJ au niveau de l'ébauche A et la figure 5.12 montre la configuration initiale du DDSJ au niveau de l'ébauche B pour une meilleure compréhension.

5.5.3 Technique de la mue et du tissage

Pour effectuer la première mue, T1 et JT sont pressés l'un contre l'autre. Le Jacquard est actionné avec la carte '1a'. En raison de la mue fermée au bas du peigne, lorsque T1 est pressé, HL1 se déplace vers le haut avec toutes les extrémités de couture impaires (st 1) du bas vers le haut du peigne, formant ainsi la couche supérieure. En même temps, HL 2 reste à la base du roseau avec toutes les extrémités paires (st 2) formant la couche inférieure.

Lorsque la partie du chiffre est perforée dans la carte 1a, les extrémités Fse de la partie du chiffre sont soulevées du centre de l'anche vers le haut de l'anche en même temps que st1.

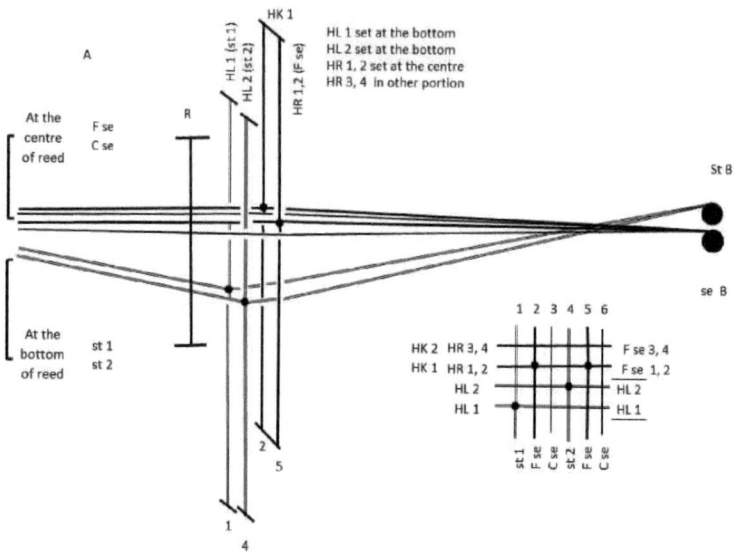

Fig. 5.11 - Mise en place du harnais et des lisses au niveau de l'ébauche A de la DDSJ pour le tissage du 3P OWT

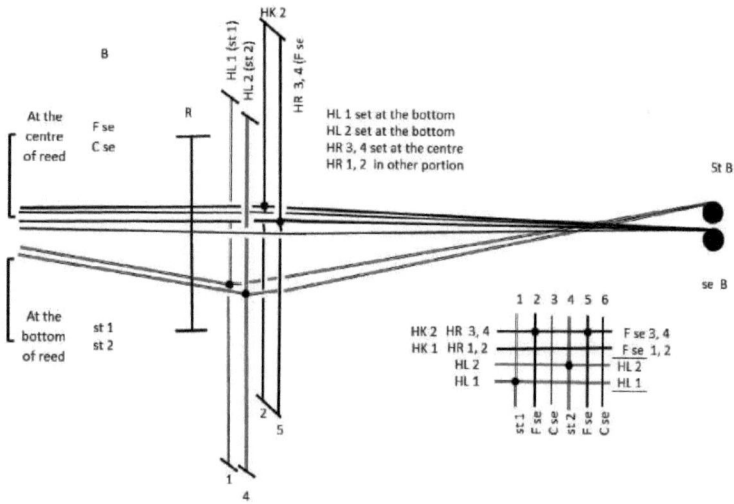

Fig. 5.12 - Montage du harnais et des lisses à l'atelier B du DDSJ pour le tissage du 3P OWT

La face séparant les extrémités de la partie terrestre reste au centre du roseau sans être modifiée, de même que le Cse qui forme la couche centrale entre la couche supérieure et la couche inférieure. Ainsi, deux étages de hangars - le hangar inférieur et le hangar supérieur - sont formés l'un au-dessus de l'autre. La couche supérieure du "top shed" est formée au sommet du roseau, avec toutes les extrémités de couture impaires (st 1) ainsi que la partie de la face qui sépare les extrémités. La couche inférieure de l'étoffe supérieure est formée au centre du roseau, avec la partie des extrémités de séparation de la face ainsi que toutes les extrémités de séparation du centre. Cette couche inférieure de la nappe supérieure sert également de couche supérieure de la nappe inférieure. La couche inférieure de l'étoffe de fond est formée au bas du roseau avec toutes les extrémités paires de la couture (st 2).

Trois navettes avec des trames de trois couleurs différentes sont utilisées. La première navette avec la couleur de trame C1 est jetée dans le hangar supérieur. Le pic devient le pic de la première face du sol (Fg-C1). De même, une autre navette avec la couleur de trame C3 est jetée dans la foule inférieure. La pioche devient la première pioche arrière (B-C3). Les pics de face et de dos ainsi insérés d'un côté sont battus simultanément jusqu'à la chute du tissu. La foule formée au niveau du sol et la foule formée au niveau de la figure, comme expliqué ci-dessus, sont représentées aux figures 5.13 et 5.14 respectivement, avec les insertions de Fg et de B. Ces deux parties de foule doivent être lues ensemble, ce qui forme une seule foule.

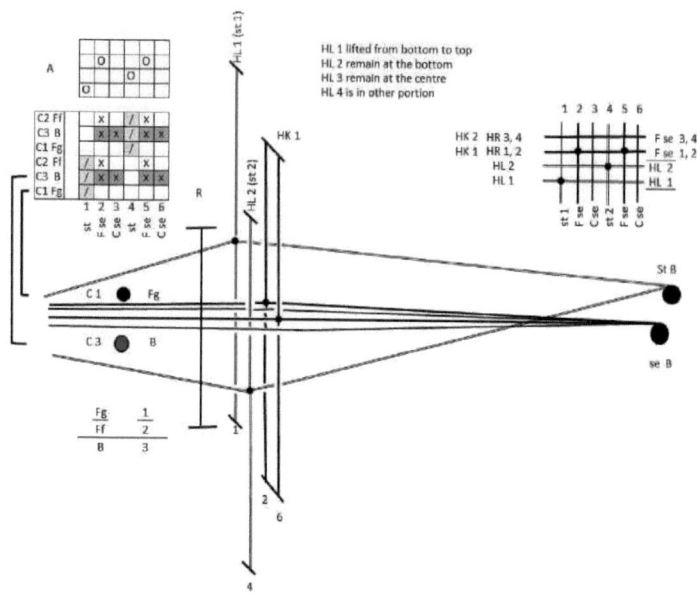

Fig. 5.13 - Insertion des pics Fg et Back à l'ébauche A de DDSJ pour tisser 3P OWT

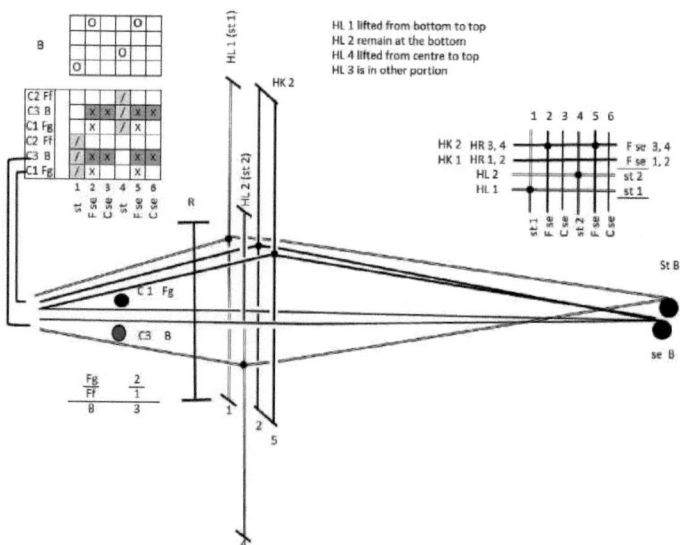

Fig. 5.14 - Insertion d'aiguilles Fg et Back à l'ébauche B de DDSJ pour tisser 3P OWT

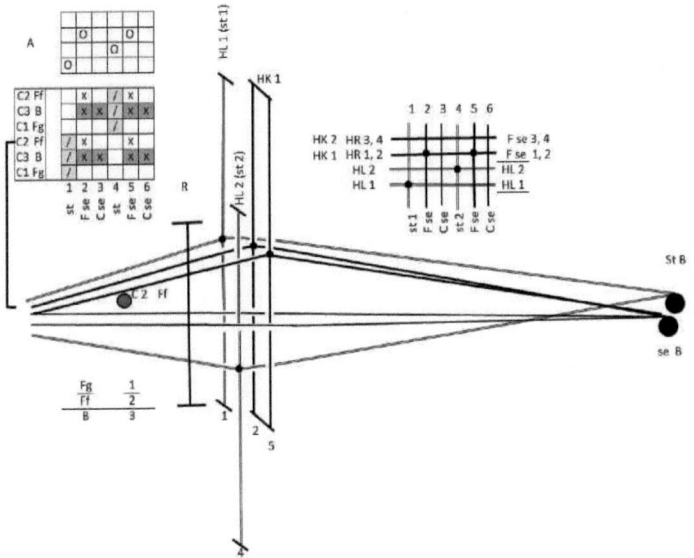

Fig. 5.15 - Insertion d'une aiguille Ff à l'ébauche A de DDSJ pour tisser 3P OWT

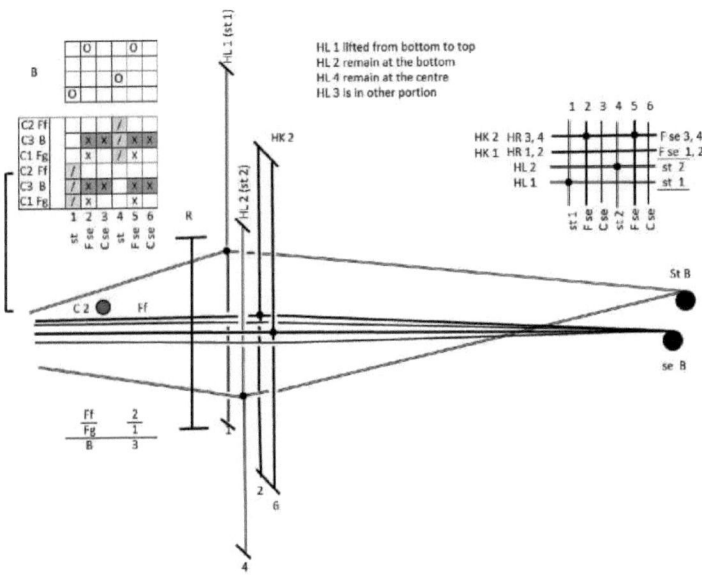

Fig. 5.16 - Insertion d'une aiguille Ff à l'ébauche B du DDSJ pour tisser 3P OWT

Ensuite, en maintenant la pédale T1 enfoncée comme elle l'est, on appuie sur JT avec la carte '1b'. HL1 et st1 restent en haut sans changement. Puisque la partie de base est perforée dans la carte '1b', les extrémités Fse de la partie de base sont soulevées du centre de l'anche vers le haut de l'anche avec st1, ce qui entraîne un soulèvement opposé des extrémités de séparation de la face. Les extrémités de séparation des faces de la partie figure restent au centre du roseau avec le Cse, formant la couche centrale entre la couche supérieure et la couche inférieure. La troisième navette portant la trame de couleur différente C2 est insérée dans la couche supérieure et battue jusqu'à la chute du tissu. Cette navette devient une navette à figure frontale (Ff -C2). De cette manière, l'insertion de trois aiguilles est totalement terminée, à savoir Fg, B et Ff.

Les deux parties des cabanes formées au niveau du sol et de la figure, comme expliqué ci-dessus, sont représentées sur les figures 5.15 et 5.16 respectivement, avec les insertions Ff. Ces deux parties de hangars doivent être lues ensemble et ne forment qu'un seul hangar.

Ensuite, la mue suivante est effectuée en appuyant sur T2 et JT avec la carte "1d". HL2 avec st 2 et les extrémités Fse dans la portion de figure se déplacent vers le haut de la foule. La première navette portant la trame de fond Fg-C1 est à nouveau insérée dans la foule supérieure et la deuxième navette portant la trame de fond B-C3 est insérée dans la foule inférieure.

Ensuite, en maintenant la pédale T2 enfoncée comme elle l'est, on appuie sur JT avec la carte "1e". HL2 et st 2 restent en haut sans changement. Les extrémités de la séparation des faces dans la partie terrestre sont soulevées, ce qui permet de soulever les extrémités de la séparation des faces de manière opposée. La troisième navette portant la trame de face Ff -C2 est insérée dans la remise supérieure et battue jusqu'à la chute du tissu. Ce pic devient le deuxième pic de trame de face (Ff). De cette manière, l'insertion de trois piquets est totalement achevée, à savoir Fg + B et Ff. Les hangars ci-dessus peuvent être compris en imaginant le soulèvement de la tige 2 par HL 2 à la place du soulèvement de la tige 1 par HL1 dans les figures 5.13, 5.14, 5.15 et 5.16.

Ainsi, lors du tissage FFFFF de l'armure OWT à 3 brins, l'insertion de six brins par répétition de l'armure (deux brins de face avec un brin de dos et à nouveau deux brins de face avec un brin de dos) par répétition est complétée par quatre fois la mue à deux étages (DDS) avec six fois la cueillette de la navette de jet.

Le tableau 5.5 présente la technique de tissage en détaillant le fonctionnement des différentes pédales pour l'insertion des différents pics, ainsi que le fonctionnement du jacquard, afin de faciliter la compréhension et la comparaison.

Tableau 5.5 - Procédure de tissage pour la méthode DDSJ

Pick woven		Card	Jacquard operation	Healds lifted	Treadles operated
First pick - Fg 1		Card 1a	Operated	HL1 of St 1	T1 and JT
Second pick - B1					
Third pick - Ff 1		Card 1b	Operated	HL1 of St 1	T1 and JT
Fourth pick - Fg 2		Card 1d	Operated	HL2 of St 2	T2 and JT
Fifth pick - B2					
Sixth pick - Ff 2		Card 1e	Operated	HL2 of St 2	T2 and JT
Total - 4 cards are punched from 1 pick of guide graph and 6 picks are woven. Total - 960 cards are punched from 240 picks of guide graph and 1440 picks are woven.					

Lorsque la cueillette à deux étages est également utilisée avec la mue à deux étages, la navette portant la trame de face est placée dans la boîte à navettes supérieure et la navette portant la trame de dos est placée dans la boîte à navettes inférieure. La navette de la trame de face est insérée par la prise de navette de jetée. La première mèche de face et la mèche de dos sont insérées simultanément au cours de la première cueillette à deux étages. Ensuite, la première aiguille de face est insérée par le biais d'une navette à lancer. De nouveau, le deuxième picot de face au sol et le picot de dos sont insérés simultanément au cours du deuxième prélèvement à deux étages. Le deuxième pic de face est inséré par le biais d'une navette de lancement.

Les détails des caractéristiques de qualité et de tissage d'un tissu typique avec toutes les configurations de jacquard examinées pour la production de FFFFF de 3 pics OWT, à savoir la méthode tout Jacquard, le Jacquard avec lisses (à une seule pédale), le Jacquard avec lisses (à plusieurs pédales) et le Jacquard avec DDS (à plusieurs pédales) sont indiqués dans les tableaux 5.6 et 5.7 pour une meilleure compréhension et une meilleure comparaison.

Tableau 5.6 - Particularités des configurations Jacquard pour tisser FFFFF de 3P OWT

Different methods	All Jacquard	Jacquard with healds (Single treadle)	Jacquard with healds (Multi Treadle)	Jacquard with DDS (Multi Treadle)
1	2	3	4	5
Jacquard capacity	240 hooks	240 hooks - 200 hooks for Fse, 32 hooks to control 4 healds	240 hooks	240 hooks
Harness tie	Straight	Straight	Doubling (1HK = 2 HR) Straight	Doubling (1HK = 2 HR) Straight
No. of healds	Nil	4 - HL1 (st 1), HL2 (st 2), HL3 (Cse), OHL (Fse)	4 - HL1 (st 1), HL2 (st 2), HL3 (Cse), OHL (Fse)	2 - HL1 (st 1), HL2 (st 2)
Ends per repeat	240	1200	1440	1440
Picks per repeat	240	1200	1440	1440
Ends/" X Pick/"	72 X 72	72 X 72	72 X 72	72 X 72
Repeat size	3.33"	16.66" X 16.66"	20" X 20"	20" X 20"
Size of guide graph	40 X 40	200 X 200	240 X 240	240 X 240
Scaling of graph	6 Times X 6 Times	Not required	Not required	Not required

Suite.............

Tableau 5.6 - suite

1	2	3	4	5
Size of graph for Punching	240 X 240	200 X 200 (Guide graph)	240 X 240 (Guide graph)	240 X 240 (Guide graph)
Insertion of weave marks	A, B weaves	Not required	Not required	Not required
Punching procedure and Numbering of cards	Punch all marks	Guide graph – each pick 1. Punching to lift healds + Punch figure (2 cards- 1a, 1d) 2. Punching to lift healds + Punch ground (2 cards- 1b, 1e) 3. Punching to lift only healds (2 cards- 1c, 1f)	Guide graph – each pick Punch figure (2 cards- 1a, 1d) Punch ground (2 cards- 1b, 1e)	Guide graph – each pick Punch figure (2 cards- 1a, 1d) Punch ground (2 cards- 1b, 1e)
Lacing	Nil	1a, 1b, 1c, 1d, 1e, 1f.....	1a, 1b, 1d, 1e	1a, 1b, 1d, 1e
Total cards	240	1200	960	960
No. of treadles	1	1	5 – T1 (HL1), T2 (HL1, HL3, OHL), T3 (HL2), T4 (HL2, HL3, OHL), JT	3 – T1 (HL1), T2 (HL2), JT
Treadle pressing order	Continuous	Continuous	T1+ JT; T1+ JT; T2; T3+ JT; T3 + JT; T4	T1+ JT; T1; T1+ JT; T2+ JT; T2; T2 + JT;

Source : Données primaires

Tableau 5.7 - Caractéristiques qualitatives du Jacquard pour le tissage FFFFF de 3P OWT

Description	All Jacquard method	Jacquard with healds (Single treadle)	Jacquard with healds (Multi Treadle)	Jacquard with DDS (Multi Treadle)
St Warp count:	$2/20^s$	$2/20^s$	$2/20^s$	$2/20^s$
Se Warp count:	$2/20^s - 2/3$ ply	$2/20^s - 2/3$ ply	$2/20^s - 2/3$ ply	$2/20^s - 2/3$ ply
Ratio of two warps	1 St : 2 Se	1 St : 2 Se	1 St : 2 Se	1 St : 2 Se
Jacquard used	240 Hook	240 Hook	240 Hook	240 Hook
Figuring Hooks	240	200	240	240
Total Fse ends	80	200 x 2 = 400	240 x 2 = 480	240 x 2 = 480
Total St ends	80	400	480	480
Total Cse ends	80	400	480	480
Total ends / repeat	240	1200	1440	1440
Reed count , denting	$48^s - 3$ per dent,	$48^s - 3$ per dent,	$48^s - 3$ per dent,	$48^s - 3$ per dent,
Ends per inch	72 ends per inch	72 ends per inch	72 ends per inch	72 ends per inch
Width of the repeat	240 / 72 = 3.33"	1200 / 72 = 16.66"	1440 / 72 = 20"	1440 / 72 = 20"
Punching graph	240 X 240	240 X 200	240 X 240	240 X 240
Cards per pick	1	6	4	4
Total cards punched	240	200 x 6 = 1200	240 x 4 = 960	240 x 4 = 960
Picks per repeat	240	1200	960 (by cards) 480 (without cards)	960 (by cards) 480 (without cards)
Count of Face weft	3^s woollen	3^s woollen	3^s woollen	3^s woollen
Count of Back weft	2^s cotton	2^s cotton	2^s cotton	2^s cotton
Picks per inch	72[48 F (24+24) + 24B]	72 [48 F (24+24)+24B]	72[48 F (24+24) + 24B]	72[48 F (24+24)+ 24B]
Length of the repeat	240 / 72 = 3.33"	1200 / 72 = 16.66"	1440 / 72 = 20"	1440 / 72 = 20"

Source : Données primaires

CHAPITRE 6

6. FACE FIGURÉE FLIP FACE TISSU DE 4 PICS OWT WEAVE

6.1 Différentes méthodes de tissage

Les tissus à face figurée peuvent également être produits à l'aide d'un tissage OWT à 4 fils. Dans l'armure OWT à 4 brins de FFFFF, sur 4 trames de couleurs différentes, deux trames de deux couleurs s'interchangent pour former une figure sur la face avant et celle-ci est soutenue par les deux autres trames de couleur, sans interchangement avec la face avant, pour former une autre figure sur la face arrière. Les différents réglages du jacquard utilisés pour produire le FFFFF de l'armure OWT à 4 pics sont les suivants :

1. Méthode Jacquard (jacquard électronique) sans lisses :

   Dans cette méthode, toutes les extrémités sont contrôlées par des harnais individuels de jacquard électronique. Comme le jacquard électronique est utilisé, la préparation du graphique est également effectuée électroniquement et le jacquard est commandé par le fichier de données du graphique électronique sans perforation de carte.

2. Méthode tout Jacquard (Jacquard mécanique) sans lisses :

   Dans cette méthode, toutes les extrémités sont contrôlées par des harnais individuels de jacquard mécanique. Étant donné que le jacquard mécanique est utilisé, la préparation des graphiques et la perforation des cartes sont effectuées soit électroniquement, soit manuellement.

3. Méthode Jacquard et healds - Multi treadles :

   Dans cette méthode, toutes les extrémités de séparation de la face et du dos sont contrôlées par des harnais de jacquard et les extrémités de couture sont contrôlées par des lisses. De même, toutes les extrémités de séparation de la face et du centre sont contrôlées par des lisses. Chaque lisses est actionnée en la connectant à une pédale séparée en même temps qu'une pédale pour actionner le jacquard.

4. Le délestage à deux étages (DDS) et la méthode Healds :

Dans cette méthode, toutes les extrémités de séparation de la face et du dos sont contrôlées par le jacquard et les extrémités de couture sont contrôlées par des lisses. Chaque lisses est commandée par une pédale séparée en même temps qu'une pédale pour le jacquard. Dans cette méthode, les extrémités sont disposées de manière à former un tissu à deux étages, comme expliqué dans le tissage du SFFFF à l'aide de lisses. Les aiguilles sont insérées soit individuellement, soit par la méthode DDP.

6.2 Toutes les méthodes Jacquard - Électronique

Dans cette méthode, seul le jacquard est utilisé pour actionner toutes les extrémités sans utiliser de lisses. Prenons l'exemple d'un jacquard électronique de 480 crochets. Il est construit avec un lien droit. Chaque crochet (HK) commande un harnais (HR) dans la répétition.

La chaîne est composée de 2 séries. L'une des chaînes est constituée de points de couture (st) et l'autre de points de séparation (se). Le rapport entre les extrémités de couture et les extrémités de séparation est de 1:3. Ces deux séries de chaînes sont prises dans deux ensouples différentes. L'ensouple de couture est maintenue en tension modérément lâche et l'ensouple de séparation en tension régulière. Étant donné que la prise de la chaîne de couture est beaucoup plus importante que celle de la chaîne de séparation, le rapport entre la longueur de la chaîne de couture et celle de la chaîne de séparation est de 3:1 à 4:1.

Le jacquard est construit avec un lien droit. Les 8 extrémités par répétition du tissage sont tirées en continu à travers le harnais du jacquard dans l'ordre suivant.

St1 - Hr1 (HK1), Fse - Hr2 (HK2), Cse - Hr3 (HK3), Bse - Hr4 (HK4), St2 - Hr5 (HK5), Fse - Hr6 (HK6), Cse -Hr7 (HK7), Bse - Hr4 (HK8). Les extrémités sont bosselées à raison de 4 par bosselage.

Dans tout tissu figuré ordinaire produit par des structures telles que le satin, le tissu double, la tapisserie, etc. avec une seule image, le fond et la figure sont indépendants. C'est-à-dire que le fond est le fond sur la face et le dos ; la figure est la figure sur la face et le dos. Mais dans n'importe quelle partie de FFFFF produite par le tissage OWT à 4 pics, le fond et la figure de l'image de face sont superposés au fond ou à la figure de l'image de dos. Il en résulte quatre parties différentes dans le tissu, à savoir

Fg / Bf = A ; Fg / Bg = B ; Ff / Bg = C ; Ff / Bf = D.

Le diagramme d'entrelacement de trame présenté à la figure 6.1 montre la formation de quatre parties de tissu différentes avec quatre fils de couleurs différentes dans l'armure OWT à quatre fils. Les répétitions d'armure correspondantes de ces quatre parties sont indiquées dans le graphique en 8 X 8 avec l'indication des différentes extrémités et des fils en série. En considérant la première mèche comme 1 & Fg, la deuxième mèche comme 2 &Ff, la troisième mèche comme 3 & Bg et la quatrième mèche comme 4 & Bf, la procédure suivie pour la préparation des graphiques guides, leur superposition et la perforation du graphique pour l'armure FFFFF à l'aide d'un jacquard électronique avec une cravate droite et une trame droite sont indiquées ci-dessous. MS Paint est utilisé pour effectuer ces travaux directement, en suivant les principes de la conception graphique assistée par ordinateur.

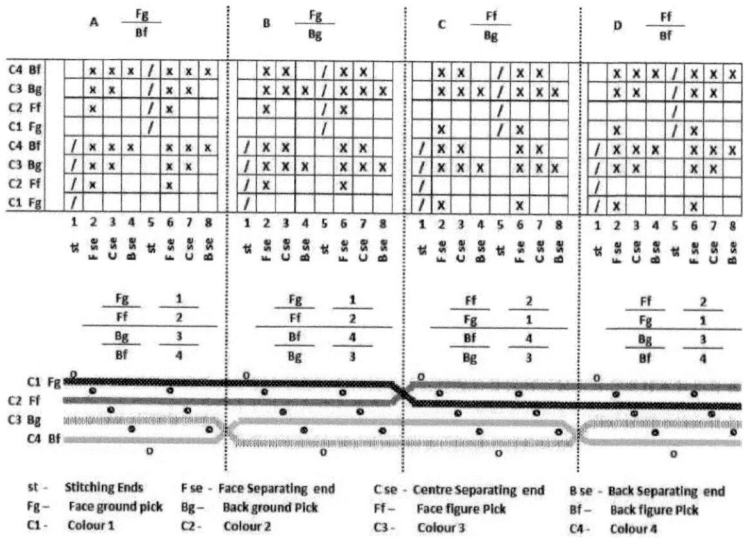

Fig. 6.1 - Quatre armures et ID de trame de la structure OWT 4P

Deux figures d'apparence totalement différente sont dessinées, l'une pour le visage et l'autre pour le dos. Par exemple, une image multi-symétrique est prise pour le visage [Fig. 6.2(a)] et une image diagonale pour le dos [Fig. 6.2(b)]. La préparation des graphiques de guidage pour ces deux images est obligatoire avant de passer à la préparation du graphique de tissage. Comme l'armure de base de 4 fils OWT se répète sur 8 fils et 8 fils, le nombre de fils pris pour la préparation du diagramme de guidage est égal à un huitième (1/8) de la capacité du jacquard utilisé. Le nombre de fils pris dans le guide graphique est également égal à un huitième (1/8) du nombre total de fils à tisser. La capacité du jacquard étant de 480 crochets, le nombre total de fils par répétition est de 480 fils et le nombre de fils par répétition est également de 480 (considérant que fils /" = fils /"). Deux graphiques guides de 60 fils X 60 fils (480 crochets / 8 ; 480 fils / 8) sont préparés séparément, l'un pour l'image de face et l'autre pour l'image de dos, en deux couleurs.

La superposition du graphique guide de l'image de face avec le graphique guide de l'image de dos est essentielle pour la préparation du graphique de tissage. Le graphique guide de l'image de face montre la formation de seulement Fg et Ff dans deux couleurs. De même, le graphique guide de l'image du dos montre la formation de seulement Bg et Bf dans les deux autres couleurs.

En superposant les deux graphiques, on obtient un graphique final de 60 x 60 en quatre couleurs qui représentent la formation de quatre parties de tissu différentes comme indiqué en A, B, C et D, à savoir Fg / Bf ; Fg / Bg ; Ff / Bg et Ff / Bf. La superposition est réalisée dans MS Paint en suivant les étapes décrites ci-dessous. Pour l'illustration, le graphique guide est pris en 25 X 25 pour la capacité du jacquard de 200 crochets.

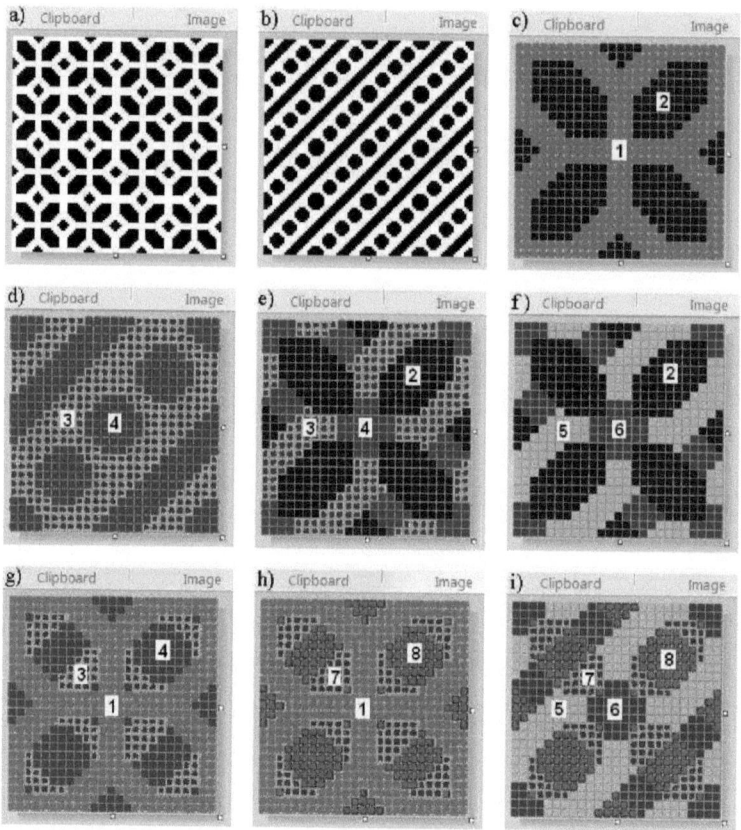

Fig. 6.2 - Différentes étapes de la préparation d'un graphique guide superposé

Ouvrez un nouveau fichier au format 25 X 25. Dessinez le graphique de l'image du visage. Appliquez la couleur 1 au sol et la couleur 2 sur la figure. Enregistrez le fichier sous le nom "face.bmp" [Fig. 6.2(c)]. Ouvrez un nouveau fichier au format 25 X 25. Dessinez le graphique de l'image de dos. Appliquez la couleur 3 dans le fond et la couleur 4 dans la figure. Enregistrez le fichier sous "back.bmp" [Fig. 6.2(d)]. La couleur 1 indique Fg. La couleur 2 indique Ff. La couleur 3 indique Bg. La couleur 4 indique Bf.

Ouvrez le fichier 'face.bmp'. Sélectionner tout et copier. Ouvrez le fichier "back.bmp", sélectionnez la couleur 1 comme couleur de fond dans la palette de couleurs. Sélectionnez "sélection transparente". Collez le fichier 'face.bmp' sur le fichier 'back.bmp'. Ce faisant, la zone de couleur 1 (Fg) de l'image du visage est remplacée par la zone correspondante de l'image du dos dans les couleurs 3 (Bg) et 4 (Bf). La zone de couleur 2 (Ff) de l'image du visage reste inchangée. Enregistrez le fichier en tant que fichier "superimpose I.bmp" [Fig. 6.2(e)]. Remplacez les couleurs 3 et 4 par les couleurs 5 et 6 respectivement. Enregistrez à nouveau le fichier. Ce fichier "superposition I.bmp" est maintenant en trois couleurs - 2, 5, 6 [Fig. 6.2(f)]. La couleur 2 indique Ff. La couleur 5 et la couleur 6 indiquent Fg. La couleur 5 indique séparément les parties de Bg formées sous Fg. La couleur 6 indique séparément les parties de Bf formées sous Fg. Par conséquent, la couleur 5 indique Fg / Bg. La couleur 6 indique Fg / Bf.

Ouvrez à nouveau le fichier 'back.bmp'. Sélectionnez la couleur 2 comme couleur de fond dans la palette de couleurs. Sélectionnez "sélection transparente". Collez le fichier 'face.bmp' sur le fichier 'back.bmp'. Ce faisant, la zone de couleur 2 (Ff) de l'image du visage est remplacée par la zone correspondante de l'image du dos dans les couleurs 3 (Bg) et 4 (Bf). La zone de couleur 1 (Fg) de l'image du visage reste inchangée. Enregistrez le fichier sous le nom "superimpose II.bmp" [Fig. 6.2(g)]. Remplacez les couleurs 3 et 4 du fichier "superimpose II.bmp" par les couleurs 7 et 8 respectivement. Enregistrez à nouveau le fichier. Sélectionnez tout et copiez. Ce fichier "superposition II.bmp" est maintenant en trois couleurs - 1, 7, 8 [Fig. 8.2(h)]. La couleur 1 indique Fg. La couleur 7 et la couleur 8 indiquent Ff. La couleur 7 indique séparément la partie de Bg formée sous Ff. La couleur 8 indique séparément la partie de Bf formée sous Ff. Par conséquent, la couleur 7 indique Ff / Bg. La couleur 8 indique Ff / Bf.

Ouvrez le fichier 'superimposer I.bmp' qui contient les couleurs 2, 5, 6. Sélectionnez la couleur 1 comme couleur de fond dans la palette de couleurs. Sélectionnez "sélection transparente". Collez le fichier "superposition II.bmp" (qui est en couleurs 1, 7, 8) sur le fichier superposition 1.bmp. Ce faisant, la couleur 1 (Fg) de l'image Superimpose II.bmp est remplacée par les couleurs 5 et 6. Les couleurs 7 et 8 des zones de l'image Superposition II.bmp restent inchangées. Enregistrez le fichier sous le nom de "superimpose final.bmp". Ce fichier "superimpose final.bmp" comporte les quatre couleurs 5, 6, 7 et 8 [Fig. 6.2(i)].

Comme indiqué précédemment, la couleur 5 indique la structure Fg / Bg produite par l'armure B. La couleur 6 indique la structure Fg / Bf produite par l'armure A. La couleur 7 indique la structure Ff / Bg produite par l'armure C. La couleur 8 indique la structure Ff / Bf produite par l'armure D.

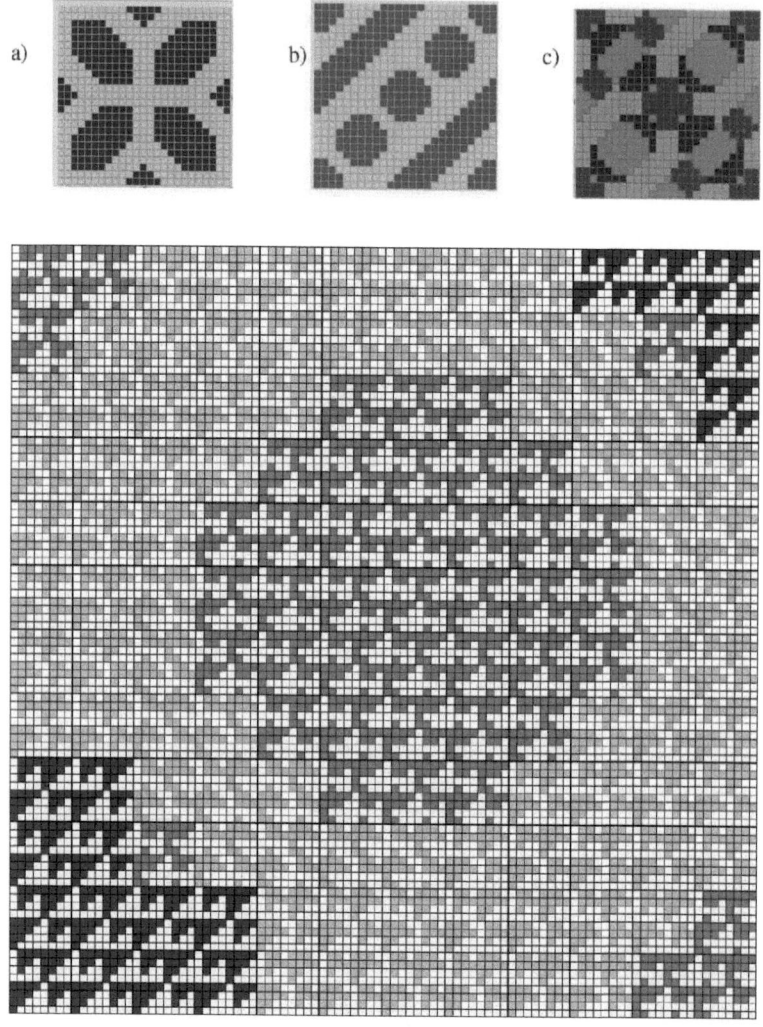

Fig. 6.3 - Graphique de tissage en 96 X 80 pour toutes les méthodes jacquard - Électronique

Le graphique final.bmp superposé de 25 x 25 en quatre couleurs est mis à l'échelle / étiré huit fois pour atteindre la taille de 200 x 200. Les quatre tissages indiqués en A, B, C et D sont appliqués dans les zones de couleur 5, 6, 7 et 8 respectivement en utilisant les outils de MS Paint. Le graphique d'armure final de 200 x 200 est ensuite directement utilisé pour l'opération de jacquard électronique sans aucune impression de graphique ni perforation de carte.

La figure 6.3(a) montre le graphique de guidage de l'image du visage en 25 X 25. La figure 6.3(b) montre la partie du graphique de guidage de l'image du dos en 25 X 25. La figure 6.3(c) montre la partie du graphique superposé de l'image du visage et de l'image du dos dans 25 X 25. La figure 6.3(d) montre la partie du graphique de tissage en 96 x 64 et correspond à 12 x 8 dans le coin inférieur gauche du graphique de superposition. Le tissage est effectué par quatre navettes dans l'ordre 1 : 1 : 1 : 1. La première et la deuxième navette contiennent deux couleurs différentes d'un même matériau, par exemple un fil de laine. Les troisième et quatrième navettes ont deux autres couleurs différentes du même fil de laine ou de coton.

6.3 Tous Jacquard Méthode mécanique

Un ensemble de répétitions de tissage E, F, G et H en 8 X 4, comme le montre la figure 6.4, est également dérivé du diagramme d'entrelacement, en séparant les pics en deux ensembles. L'un d'eux consiste à ne prendre que les pics de face Fg, Ff et l'autre à ne prendre que les pics de dos Bg, Bf.

- L'armure E en 8 X 4 correspond à la partie du tissu où le fond de l'image de face est formé sur le côté de la face. L'effet du tissu est indiqué par **Fg. La** position des pics à cet endroit est indiquée par **Fg/Ff.**

- L'armure F en 8 X 4 correspond à la partie du tissu où la figure de l'image de face est formée sur le côté de la face. L'effet du tissu est indiqué par **Ff. La** position des pics à cet endroit est indiquée par **Ff/Fg.**

- La trame G dans 8 X 4 correspond à la partie du tissu où le fond de l'image de dos est formé à l'arrière. L'effet du tissu est indiqué par **Bg. La** position des pics à cet endroit est indiquée par **Bf/Bg.**

- L'armure H en 8 X 4 correspond à la partie du tissu où la figure de l'image de dos est formée à l'arrière. L'effet du tissu est indiqué par **Bf. La** position des pics à cet endroit est indiquée par **Bg/Bf.**

Parmi ces quatre tissages, les tissages E et F sont destinés à préparer le graphique de tissage de l'image de face. Les tissages G et H sont destinés à préparer le graphique de tissage de l'image du dos. Ces deux graphes de tissage sont utilisés comme graphes de perforation pour le jacquard mécanique.

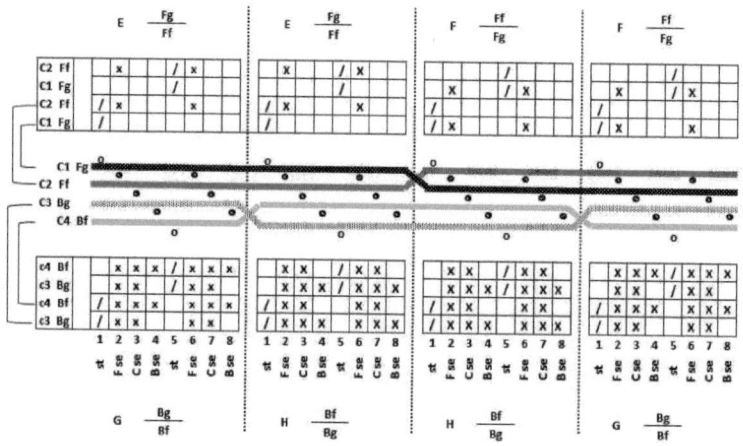

Fig. 6.4 - Quatre tissages de quatre "parties séparées" différentes de l'OWT 4P

La chaîne est composée de 2 séries. L'une des chaînes est constituée de points de couture (st) et l'autre de points de séparation (se). Le rapport entre les extrémités de couture et les extrémités de séparation est de 1:3. Ces deux séries de chaînes doivent être prises dans deux ensouples différentes. L'ensouple de couture doit être en tension modérément lâche et l'ensouple de séparation en tension régulière. Etant donné que la prise de la chaîne de couture est beaucoup plus importante que celle de la chaîne de séparation, le rapport entre la longueur de la chaîne de couture et celle de la chaîne de séparation est de 3:1 à 4:1.

Le jacquard à 480 crochets est construit avec un lien droit. Les 8 extrémités de chaque répétition de l'armure sont tirées en continu à travers le harnais du jacquard dans l'ordre suivant.

St1 - Hr1 (HK1), Fse - Hr2 (HK2), Cse - Hr3 (HK3), Bse - Hr4 (HK4), St2 - Hr5 (HK5), Fse - Hr6 (HK6), Cse -Hr7(HK7), Bse - Hr4 (HK8).

Les extrémités sont bosselées à raison de 4 par bosselage.

La superposition du graphique n'est pas nécessaire lors de la préparation du graphique de tissage/de perforation pour le jacquard mécanique. Au lieu de cela, deux graphiques distincts sont préparés, l'un pour l'image de face et l'autre pour l'image de dos. La capacité du jacquard étant de 480 crochets, le nombre total de piquages par répétition est également de 480 (en considérant que le nombre de bouts /" est égal au nombre de piquages /"). Deux graphiques de guidage de 60 fils X 60 fils (480 crochets / 8 ; 480 fils / 8) sont préparés séparément, l'un pour l'image de face et l'autre pour l'image de dos en deux couleurs [Fig. 6.3(a) et (b)]. Les deux graphiques de 60 x 60 sont mis à l'échelle / étirés 8 fois en largeur et 4 fois en longueur pour atteindre la taille de 480 x 240. Cela s'explique par le fait que la trame de base est de 8 x 4. Le graphique de poinçonnage pour l'image du visage est préparé en appliquant les trames E et F, respectivement, au motif et à la figure du graphique de l'image du visage en 480 x 240 (Fig. 6.5). De même, le graphique de poinçonnage pour l'image du dos est préparé en appliquant les trames G et H, respectivement au sol et à la figure du graphique de l'image du dos en 480 X 240 (Fig. 6.6).

Un jeu de 240 cartes est perforé en perforant toutes les marques du graphique de perforation de l'image de face et numéroté en série comme F1, F2, F3, F4,...F239 et F240. Une autre série de 240 cartes est perforée par la perforation de toutes les marques du graphique de perforation de l'image de dos et numérotée en série comme B1, B2, B3, B4...B239 et B240. Les cartes sont ensuite lacées dans l'ordre 2:2 comme suit : F1, F2, B1, B2, F3, F4, B3, B4,...F239, F240, B239 et B240 pour former un jeu de 480 cartes à tisser.

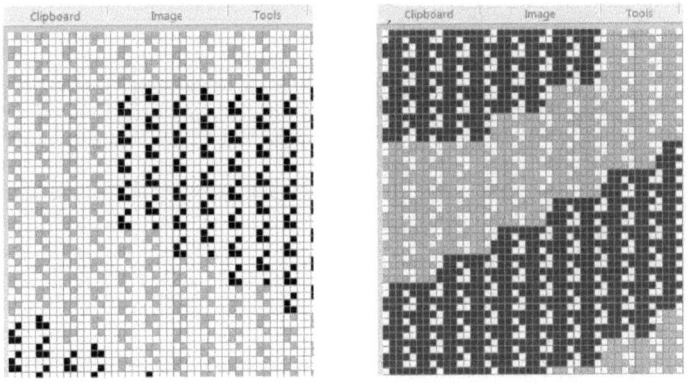

Fig. 6.5 - Graphique de poinçonnage de la figure de face Fig. 6.6 - Graphique de poinçonnage de la figure

Le tissage s'effectue avec quatre navettes dans l'ordre 1 : 1 : 1 : 1. La première et la deuxième navette sont composées de deux couleurs différentes d'un même matériau, par exemple un fil de laine. Les troisième et quatrième navettes ont deux autres couleurs différentes du même fil de laine ou de coton.

6.4 Méthode Jacquard et méthode Healds - Multi Treadles

Il est nécessaire d'analyser les tissages de 4 pics OWT pour connaître l'ordre de levée des différentes extrémités pour les différents pics. Cette analyse permet de comprendre le concept du tissage FFFFF de 4 pics OWT en utilisant le jacquard et la lisse. Quatre tissages de 4 fils OWT sont donnés en A, B, C et D dans la Fig. 6.7. Les effets produits par ces quatre tissages sont également indiqués sous chaque tissage. L'analyse de ces armures permet de tirer les conclusions suivantes.

- Les extrémités des coutures ne sont que dans deux ordres différents, à la fois dans la figure et dans le sol (/). Par conséquent, deux lisses suffisent pour contrôler la même chose. (HL1, HL2).

- Sur un ensemble de trois extrémités séparatrices Fse, Cse et Bse, toutes les deuxièmes extrémités séparatrices - Cse sont entrelacées dans le même ordre à la fois dans la figure et au sol. Par conséquent, une lice ou un groupe de lices suffit pour contrôler la même chose. (HL3).

- Sur un ensemble de trois extrémités séparatrices Fse, Cse et Bse, toutes les premières extrémités séparatrices - Fse - s'entrelacent dans un ordre différent (ordre de figuration) à la fois dans la figure et dans le sol (X). C'est pourquoi un crochet jacquard individuel (H) est nécessaire pour le faire fonctionner.

- Sur un ensemble de trois extrémités séparatrices Fse, Cse et Bse, toutes les trois extrémités séparatrices - Bse - s'entrelacent dans un ordre différent (ordre de figuration) à la fois dans la figure et dans le sol (X). C'est pourquoi un crochet jacquard individuel (H) est nécessaire pour le faire fonctionner.

- Lors de l'insertion de tous les pics arrière, ainsi que du Cse et de l'un des St, toutes les extrémités des Fse contrôlées par le jacquard sont également levées.

Par conséquent, une lisse séparée est également réglée pour soulever toutes les Fse qui sont contrôlées par les crochets du jacquard. Après avoir été tirée à travers le harnais, chaque semelle est également tirée à travers un fil de lisses ouvert dans un arbre de lisses séparé. (OHL). Cela facilite le levage des semelles par le harnais jacquard conformément à l'ordre établi, sans qu'il y ait d'obstruction causée par le fil de lisses ouvertes lors de l'insertion des pics de face, ainsi que le levage de toutes les extrémités des semelles en soulevant les lisses ouvertes lors de l'insertion des pics de dos.

- En insérant deux pics de face et deux pics de dos, les extrémités Fse et Bse sont opérées selon la figure et le sol doit être formé selon la figure de face et de dos. C'est pourquoi deux jacquards distincts sont utilisés. L'un est le jacquard de face (FJ) qui actionne les Fse dans l'ordre figuratif selon l'image de face indépendamment de l'image de dos.

Un autre est le Back Jacquard (BJ) pour faire fonctionner la Bse dans l'ordre figuratif selon le modèle de la Bse.

l'image du dos indépendamment de l'image du visage.

- Pour réaliser ces prélèvements, des cartes perforées conformes au modèle sont utilisées pour faire fonctionner le système.

Fse et Bse dans l'ordre des chiffres et également de lever l'un des lisses contrôlant les

la couture des extrémités à l'aide d'une pédale.

- En insérant tous les pics de dos - Bg et Bf, les extrémités de Bse sont actionnées selon la figure et le sol doit être formé selon la figure de dos. De plus, tous les Fse et Cse ainsi que l'une des extrémités de la couture sont soulevés. Pour ce faire, HL1 ou HL2,

L'OHL des extrémités Fse et l'HL3 des extrémités Cse sont levées.

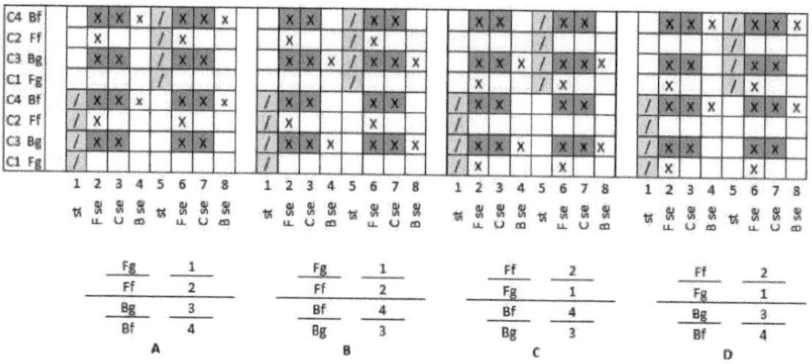

Fig. 6.7 - Analyse du tissage pour la méthode jacquard et la méthode healds - multi treadle

A		B		C		D	
Fg	1	Fg	1	Ff	2	Ff	2
Ff	2	Ff	2	Fg	1	Fg	1
Bg	3	Bf	4	Bf	4	Bg	3
Bf	4	Bg	3	Bg	3	Bf	4

Pick & Colour	Face Jacquard - F JT and Open heald OHL				Back Jacquard - B JT				HL1	HL2	HL3	Jacquard lifted, card used and Healds operated
	F se				B se				st		C se	
	A	B	C	D	A	B	C	D	st 1	st 2	All	
C1 Fg	DN	DN	Up	Up	DN	DN	DN	DN	Up	DN	DN	F JT - card F1a , HL1
C3 Bg	Up	Up	Up	Up	DN	Up	Up	DN	Up	DN	Up	B JT - card B1a, HL1, HL3, OHL
C2 Ff	Up	Up	DN	DN	DN	DN	DN	DN	Up	DN	DN	F JT - card F1b , HL1
C4 Bf	Up	Up	Up	Up	Up	DN	DN	Up	Up	DN	Up	B JT - card B1b, HL1, HL3, OHL
C1 Fg	DN	DN	Up	Up	DN	DN	DN	DN	DN	Up	DN	F JT - card F1c , HL2
C3 Bg	Up	Up	Up	Up	DN	Up	Up	DN	DN	Up	Up	B JT - card B1c, HL2, HL3, OHL
C2 Ff	Up	Up	DN	DN	DN	DN	DN	DN	DN	Up	DN	F JT - card F1d , HL2,
C4 Bf	Up	Up	Up	Up	Up	DN	DN	Up	DN	Up	Up	B JT - card B1d, HL2, HL3, OHL

La figure 6.7 montre l'analyse de la trame du sol et de la figure pour chaque pioche. Le tissage est représenté avec différents styles de marquage pour bien comprendre le concept. La marque '/' indique la fin de la couture par les lisses HL1 et HL 2. La marque 'X' indique la fin de la séparation de la face et la fin de la séparation du dos opérées par le crochet jacquard.

La marque "X" indique le soulèvement de l'extrémité de séparation frontale et de l'extrémité de séparation centrale par l'OHL et le HL3 respectivement. Quatre pédales sont utilisées pour actionner quatre lisses. La pédale T1 actionne la lèvre supérieure HL1. La pédale T2 actionne la lice HL2. La pédale T3 actionne la lice arrière HL3. La pédale T4 actionne la lice arrière OHL. Les opérations des pédales pour les différents pics sont également indiquées sur le côté droit.

La chaîne est composée de 2 séries. L'une des chaînes est constituée de points de couture (st) et l'autre de points de séparation (se). Le rapport entre les extrémités de couture et les extrémités de séparation est de 1:3. Ces deux séries de chaînes doivent être prises dans deux ensouples différentes. L'ensouple de couture doit être en tension modérément lâche et l'ensouple de séparation en tension régulière. Etant donné que la prise de la chaîne de couture est beaucoup plus importante que celle de la chaîne de séparation, le rapport entre la longueur de la chaîne de couture et celle de la chaîne de séparation est de 3:1 à 4:1.

La figure 6.8 montre l'installation du jacquard, la méthode de construction du harnais et le dessin. Deux jacquards d'une capacité de 240 crochets sont pris en exemple. Un jacquard (FJ) doit actionner les extrémités Fse et l'autre jacquard (BJ) doit actionner les extrémités Bse indépendamment dans l'ordre figuratif.

Deux jacquards sont montés, l'un à l'avant et l'autre à l'arrière, en gardant la rangée courte de crochets de jacquard parallèle à la rangée longue de la planche à peigne pour faciliter le système londonien de construction des harnais. La planche à peigne est également divisée en deux sections. Deux harnais sont attachés en continu à chaque crochet. Sur les 8 harnais de la rangée courte de la table de mixage avant, les deux premiers harnais sont reliés aux deux cordes du premier crochet de la FJ. Les troisième et quatrième harnais sont reliés aux deux cordes du deuxième crochet de la FJ, et ainsi de suite. Sur les 8 harnais de la rangée courte du tableau arrière, les deux premiers harnais sont connectés aux deux cordes du premier crochet du BJ. Les troisième et quatrième harnais sont reliés aux deux cordes du deuxième hameçon du BJ et ainsi de suite. La méthode d'attache des harnais est indiquée ci-dessous.

FHR1, FHR2, FHR3, FHR4, FHR5, FHR6, FHR7, FHR8 connectés à FHK1, FHK1, FHK2, FHK2, FHK3, FHK3, FHK4, FHK4 respectivement. BHR1, BHR2, BHR3, BHR4, BHR5, BHR6, BHR7, BHR8 connectés à BHK1, BHK1, BHK2, BHK2, BHK3, BHK3, BHK4, BHK4 respectivement.

Le harnais total par répétition devient 960 (240 X 2 X 2). Deux lisses sont placées devant le harnais. La rédaction de huit bouts par répétition est indiquée comme suit.

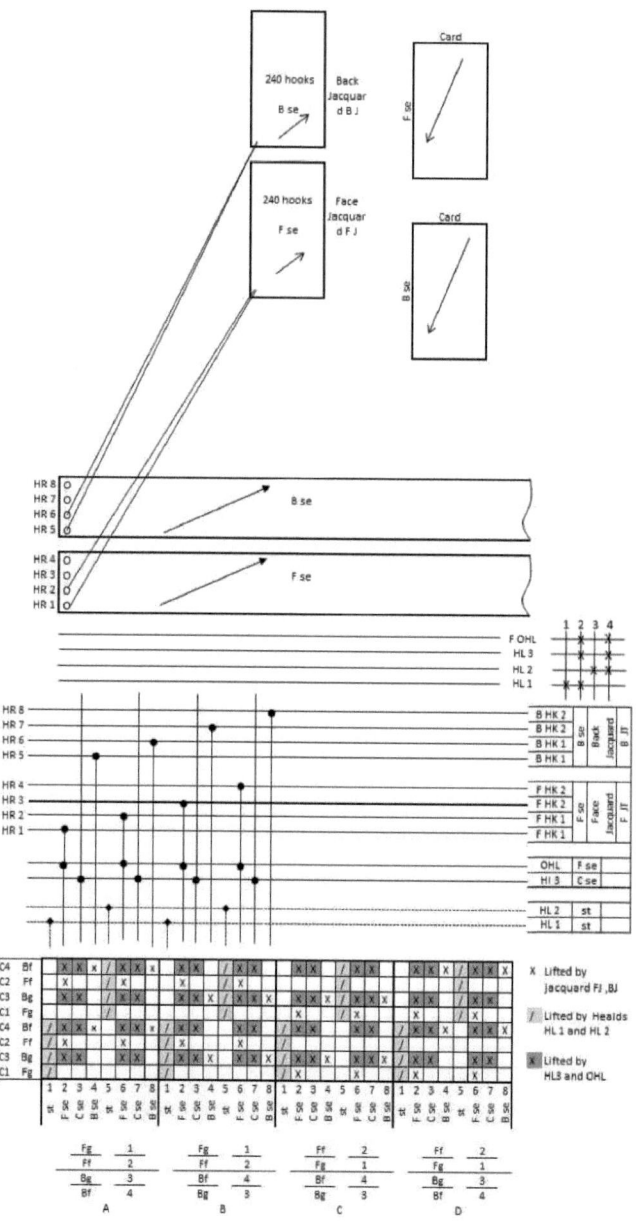

Fig. 6.8 - Construction d'un harnais pour la méthode Jacquard et healds - multi-treadle

1,   2, 3,   4, 5, 6, 7,   8 = HL1, FHR1, |, BHR1, HL2 FHR2, |, BHR2

c'est-à-dire

st, Fse, Cse, Bse, st, Fse, Cse, Bse = HL1, FHK1, |, BHK1, HL2, FHK1, |, BHK1. Dans ce cas

1, 2,   3,   4, 5, 6,   7, 8 = HL1, FHR3, |, BHR3, HL2, FHR4, |, BHR4

c'est-à-dire

st, Fse, Cse, Bse, st, Fse, Cse, Bse = HL1, FHK2, |, BHK2, HL2, FHK2, |, B HK2.

D'après la rédaction, il est clair que chaque crochet figurant dans FJ et BJ ensemble, ainsi que 2 lisses et Cse, permet de contrôler les 8 bouts de la répétition de l'armure. C'est-à-dire 2 St + 2 Fse + 2 Cse + 2 Bse. Le dessin est poursuivi pendant 240 fois à raison de 8 extrémités par répétition, soit un total de 1920 extrémités. 480 fils de couture sont dans les lisses, 480 fils de séparation de la face sont dans le harnais, 480 fils centraux sont sans lisses ni harnais et 480 fils de séparation du dos sont dans le harnais. Un bout de couture et trois bouts de séparation, soit quatre bouts au total, sont pris dans une bosse. Avec 48 peignes[S] - 4 par dent, le nombre d'extrémités par pouce est de 96 et la taille de la répétition est de 20".

Le graphique pour le poinçonnage et la procédure de poinçonnage sont donnés dans la Fig. 6.9. Deux graphiques sont préparés, l'un pour FJ et l'autre pour BJ, en agrandissant deux figures différentes. Disons qu'un motif en losange est utilisé pour la face et qu'un motif en diagonale est utilisé pour le dos.

Total des extrémités pour l'élargissement pour FJ = Capacité des crochets de figuration = 240 extrémités.

Nombre total de pics à agrandir pour FJ = proportionnel à la longueur du dessin = 240 pics Nombre total d'extrémités à agrandir pour BJ = capacité des crochets de figuration = 240 extrémités.

Total des pioches pour l'agrandissement du BJ = proportionnel à la longueur du dessin = 240 pioches (si la longueur du dessin = la largeur du dessin et les extrémités par pouce = pioches par pouce).

L'agrandissement et l'étagement sont effectués régulièrement. La partie de la figure est peinte. Il n'est pas nécessaire d'introduire des marques de reliure. La procédure de perforation est la suivante.

Carte (F1a) - Fg pick - Punch figure portion from the first pick of Face graph,

Carte (F1b) - Ff pick - Punch ground portion from the first pick of Face graph,

Carte (F1c) - Fg pick - Punch figure portion from the first pick of Face graph,

Carte (F1d) - Ff pick - Punch ground portion from the first pick of Face graph

and Carte (B1a) - Bg pick - Punch figure portion from the first pick of Back

graph.

Carte (B1b) - Poinçon Bf - Poinçonner la partie du sol à partir du premier

poinçon du graphique de dos. Carte (B1c) - Cueillette Bg - Poinçonner la partie

de la figure à partir de la première cueillette du graphique du dos. Carte (B1d) -

Cueillette Bf - Poinçonner la partie du sol à partir de la première cueillette du

graphique de la face.

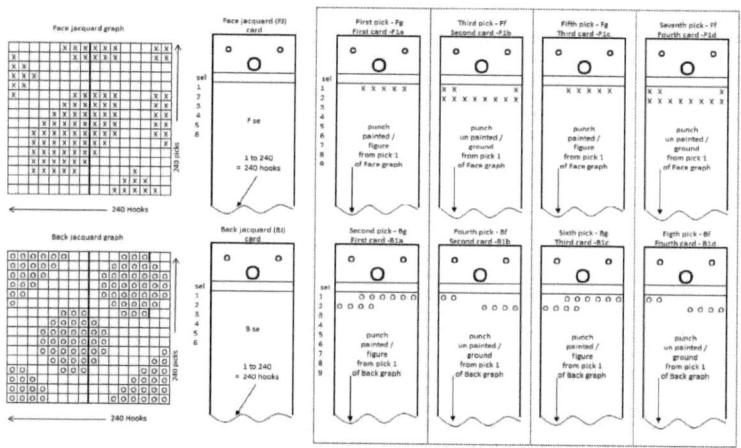

Fig. 6.9 - Procédure de poinçonnage pour la méthode jacquard et healds - multi treadle

Ainsi, 4 cartes sont poinçonnées à partir du premier choix de la face (2 pour Fg et

2 pour Ff) et 4 cartes sont poinçonnées à partir du premier choix du dos (2 pour

Bg et 2 pour Bf).

Au total, 960 cartes sont perforées à partir de 240 choix du graphique de la

face et 960 cartes sont perforées à partir de 240 choix du graphique du dos. Au

total, 1920 cartes sont perforées.

Les cartes sont lacées en série dans l'ordre suivant pour le jacquard de face.

F1a, F1b, F1c, F1d ; F2a, F2b, F2c, F2d,..............F240a, F240b, F240c et F240d.

Les cartes sont lacées en série dans l'ordre suivant pour le jacquard dorsal.

Bla, Blb, Blc, Bld ; B2a, B2b, B2c, B2d, ... B240a, B240b, B240c et B240d.

4 pédales (T) sont utilisées pour actionner les lisses dans quatre ordres différents, ainsi qu'une pédale de jacquard (JT) pour actionner les jacquards, comme le montre la figure 6.8. Le **tissage** est effectué avec quatre navettes dans l'ordre 1 : 1 : 1 : l, comme indiqué dans le tableau 6.1. La première et la deuxième navette contiennent deux couleurs différentes d'un même matériau, à savoir du fil de laine. Les troisième et quatrième navettes ont deux autres couleurs différentes du même fil de laine ou de coton.

Tableau 6.1 - Procédure de tissage pour la méthode jacquard et la méthode healds - multi-treadle

Pick woven		Card	Jacquard operation	Heald operation	Treadles operated
Fg1	(C1)	F1a	FJ lifted	HL1	T1 and FJT
Bg1	(C3)	B1a	BJ lifted	HL1, HL 3, OHL	T2 and BJT
Ff 1	(C2)	F1b	FJ lifted	HL1	T1 and FJT
Bf 1	(C4)	B1b	BJ lifted	HL1, HL 3, OHL	T2 and BJT
Fg 2	(C1)	F1c	FJ lifted	HL2	T3 and FJT
Bg 2	(C3)	B1c	BJ lifted	HL2, HL 3, OHL	T4 and BJT
Fg 2	(C2)	F1d	FJ lifted	HL2	T3 and FJT
Bf 2	(C4)	B1d	BJ lifted	HL2, HL 3 , OHL	T4 and BJT

6.5 Méthode Jacquard et Healds - DDSJ

6.5.1 Élaboration de la méthodologie

Le tissu Figured Face Flip Face de 4 pics OWT est également tissé en utilisant la méthode Double Decker Shedding en jacquard. Comme pour le tissage SFFFF de l'OWT à 4 fils en utilisant des lisses avec DDSH, les différentes extrémités sont mises en place pour former des DDS en jacquard, afin de tisser FFFFF.

L'illustration 6.10 montre l'analyse du tissage au sol et du tissage de figures de 4 pics OWT pour chaque picot dans la méthode DDS avec jacquard. Le tissage est illustré avec différents styles de marquage pour bien comprendre le concept. '/' - marque indiquant la fin de la couture par les lisses HL1 et HL 2. 'X' - marque indiquant la fin de la séparation de la face et la fin de la séparation de l'arrière opérées par le crochet du jacquard. X" - la marque indique le soulèvement de l'extrémité de séparation frontale et de l'extrémité de séparation centrale par le dispositif DDS sans l'opération de lisses ou de harnais. Les opérations de foulage sont également indiquées sur le côté droit. Le graphique montre également que l'insertion d'un pic arrière est réalisée simplement par DDS sans utiliser de lisses. Les réglages des lisses et du harnais sont les suivants.

- Les extrémités de séparation des faces sont tirées à travers le harnais du jacquard et placées au niveau du centre de l'anche, puis actionnées du centre vers le haut de l'anche.

- Les extrémités séparatrices centrales sont également maintenues au centre du roseau sans l'étirer en lisses ou en jacquard.

- Les extrémités de séparation du dos sont tirées à travers le harnais jacquard et placées au même niveau que le bas de l'anche, puis actionnées de bas en haut jusqu'au centre de l'anche.

- Les extrémités de la couture sont tirées en deux lisses et mises à niveau au bas de l'anche, puis actionnées de bas en haut de l'anche.

- Au moment de l'insertion de la première série de quatre pics, une lice de couture est maintenue vers le haut et l'autre vers le bas. Pour la deuxième série de quatre pics, c'est l'inverse.

- Il en résulte la formation de DDS à la hauteur donnée de l'anche.

- Par la méthode DDS, le FFFFF de 4 pics OWT peut être tissé en utilisant 2 lisses pour opérer les extrémités de couture, un jacquard pour opérer les extrémités de séparation de face dans l'ordre figuratif et l'autre jacquard pour opérer les extrémités de séparation de dos dans l'ordre figuratif.

- En gardant les deux cabanes formées l'une au-dessus de l'autre, deux pics de face sont insérés dans la cabane supérieure en actionnant les extrémités séparant les faces du centre vers le haut de l'anche.

- Deux pics à dos sont insérés dans la remise inférieure en actionnant le séparateur à dos.

du bas vers le centre de l'anche.

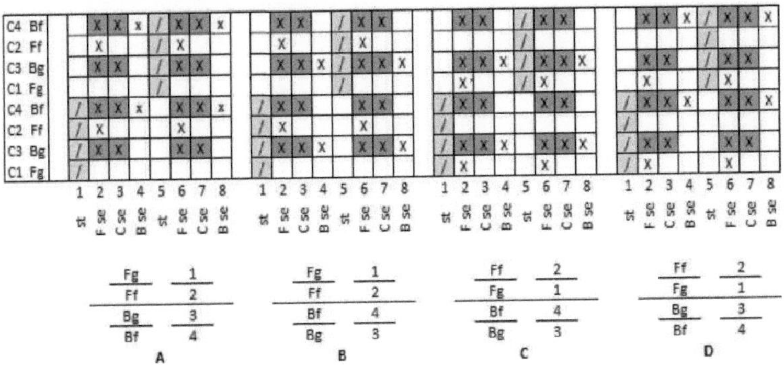

	1 2 3 4 5 6 7 8	1 2 3 4 5 6 7 8	1 2 3 4 5 6 7 8	1 2 3 4 5 6 7 8
C4 Bf	X X X / X X X	X X / X X	X X / X X	X X X / X X X
C2 Ff	X / X	X / X	/	/ X X
C3 Bg	X X / X X	X X X / X X X	X X X / X X X X	X / X
C1 Fg	/	/	X / X	X / X
C4 Bf	/ X X X X X X	/ X X X X	/ X X X X	/ X X X X X X
C2 Ff	/ X X	/ X X	/ X X X X	/ X X
C3 Bg	/ X X X X	/ X X X X X X	/ X X X X X X	/ X X X X
C1 Fg	/	/	/ X X	/ X X

Fg 1	Fg 1	Ff 2	Ff 2
Ff 2	Ff 2	Fg 1	Fg 1
Bg 3	Bf 4	Bf 4	Bg 3
Bf 4	Bg 3	Bg 3	Bf 4
A	**B**	**C**	**D**

Pick & Colour	F se				B se				st		C se	Jacquard lifted card used and Heals operated
	Face Jacquard - F JT				Back Jacquard - B JT				HL 1	HL 2		
	A	B	C	D	A	B	C	D	st 1	st 2		
C1 Fg	DN	DN	Up	Up	DN	DN	DN	DN	Up	DN	DN	F JT - card F1a , HL1
C3 Bg	Up	Up	Up	Up	DN	Up	Up	DN	Up	DN	Up	B JT - card B1a, HL1
C2 Ff	Up	Up	DN	DN	DN	DN	DN	DN	Up	DN	DN	F JT - card F1b , HL1
C4 Bf	Up	Up	Up	Up	Up	DN	DN	Up	Up	DN	Up	B JT - card B1b, HL1
C1 Fg	DN	DN	Up	Up	DN	DN	DN	DN	DN	Up	DN	F JT - card F1c , HL2
C3 Bg	Up	Up	Up	Up	DN	Up	Up	DN	DN	Up	Up	B JT - card B1c, HL2
C2 Ff	Up	Up	DN	DN	DN	DN	DN	DN	DN	Up	DN	F JT - card F1d, HL2,
C4 Bf	Up	Up	Up	Up	Up	DN	DN	Up	DN	Up	Up	B JT - card B1d, HL2

UP = UP By DDS   UP = UP By DDS

Fig. 6.10 - Analyse du tissage pour DDSJ afin de tisser 4P OWT

6.5.2 Réglage du métier à tisser

La chaîne est composée de 2 séries. L'une des chaînes est constituée de points de couture (st) et l'autre de points de séparation (se). Le rapport entre les extrémités de couture et les extrémités de séparation est de 1:3. Ces deux séries de chaînes doivent être prises dans deux ensouples différentes. L'ensouple de couture doit être en tension modérément lâche et l'ensouple de séparation en tension régulière. Etant donné que la prise de la chaîne de couture est beaucoup plus importante que celle de la chaîne de séparation, le rapport entre la longueur de la chaîne de couture et celle de la chaîne de séparation est de 3:1 à 4:1.

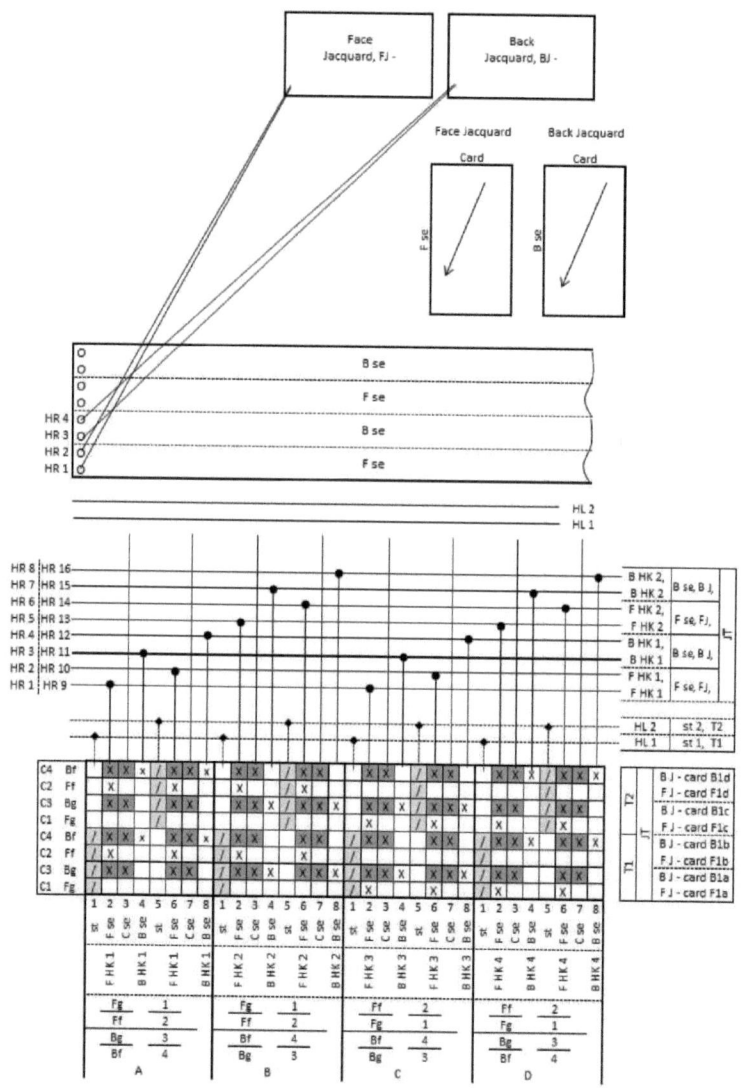

Fig. 6.11 - Construction d'un harnais pour le DDSJ afin de tisser un OWT 4P

La figure 6.11 montre l'installation du jacquard, la méthode de construction du harnais et le dessin. Deux jacquards d'une capacité de 240 crochets sont pris en exemple. Un jacquard (F J) doit actionner les extrémités Fse et l'autre jacquard (B J) doit actionner les extrémités Bse indépendamment dans l'ordre figuratif. Deux jacquards sont montés, l'un à gauche et l'autre à droite, en maintenant la longue rangée de crochets du jacquard parallèle à la longue rangée de la planche à peigne

130

pour faciliter le système Norwich de construction du harnais. Le harnais est attaché selon la méthode du harnais sectionnel à longue rangée. Deux harnais sont reliés en continu à chaque crochet. Sur les 8 harnais de la rangée courte, les deux premiers harnais sont reliés aux deux cordes du premier crochet de la FJ. Les troisième et quatrième harnais sont reliés aux deux cordes du premier crochet du BJ. Les cinquième et sixième harnais sont reliés aux deux cordes du deuxième crochet de la FJ. Les septième et huitième harnais sont reliés à deux cordes du deuxième crochet du BJ, et ainsi de suite. La méthode d'attache des harnais est indiquée ci-dessous.

FHR1, FHR2, BHR3, BHR4, BHR5, BHR6, BHR7, BHR8 connectés à

FHK1, FHK1, BHK1, BHK1, FHK2, FHK2, BHK2, BHK2 respectivement.

Le harnais total par répétition devient 960 (240 X 2 X 2). Deux lisses sont placées devant le harnais. La rédaction de huit bouts par répétition de l'armure OWT à 4 pics est indiquée comme suit.

1, 2, 3, 4, 5, 6, 7, 8 = HL1, FHR1, |, BHR3, HL2, FHR2, |, BHR4

c'est-à-dire

st, Fse, Cse, Bse, st, Fse, Cse, Bse = HL1, FHK1, |, BHK1, HL2, FHK1, |, BHK1. Dans ce cas

1, 2, 3, 4, 5, 6, 7, 8 = HL1, FHR5, |, BHR7, HL2, FHR6, |, BHR8

c'est-à-dire

st, Fse, Cse, Bse, st, Fse, Cse, Bse = HL1, FHK2, |, BHK2, HL2, FHK2, |, BHK2.

D'après la rédaction, il est clair que chaque crochet figurant dans FJ et BJ ensemble, ainsi que 2 lisses et Cse, permet de contrôler les 8 bouts de la répétition de l'armure. C'est-à-dire 2 St + 2 Fse + 2 Cse + 2 Bse. Le dessin est poursuivi pendant 240 fois à raison de 8 extrémités par répétition, soit un total de 1920 extrémités. 480 fils de couture sont dans les lisses, 480 fils de séparation de la face sont dans le harnais, 480 fils centraux sont sans lisses ni harnais et 480 fils de séparation du dos sont dans le harnais. Un bout de couture et trois bouts de séparation, soit quatre bouts au total, sont pris dans une bosse. Avec 48^S anches - 4 par dent, le nombre d'anches par pouce est de 96 et la taille de la répétition est de 20". La hauteur de l'anche est un peu plus du double de la hauteur de la navette utilisée. On utilise un roseau de 4" de hauteur si la hauteur de la navette est de 1,5" (2 X 1,5" + 1"). L'anche de 3" est utilisée si la hauteur de la navette est de 1" (2 X 1" + 1").

Le graphique pour le poinçonnage et la procédure de poinçonnage sont donnés dans la Fig. 6.12. Deux graphiques sont préparés, l'un pour FJ et l'autre pour BJ, en agrandissant deux figures différentes. Disons un dessin en losange pour la face et un dessin en diagonale pour le dos.

Total des extrémités pour l'élargissement pour FJ = Capacité des crochets de figuration = 240 extrémités.

Nombre total de pics à agrandir pour FJ = proportionnel à la longueur du dessin = 240 pics Nombre total d'extrémités à agrandir pour BJ = capacité des crochets de figuration = 240 extrémités.

Nombre total de pioches pour l'agrandissement de BJ = proportionnel à la longueur du dessin ou modèle = 240 pioches

(Si la longueur du dessin est égale à la largeur du dessin et que les extrémités par pouce sont égales aux pics par pouce). L'agrandissement et l'étagement sont effectués régulièrement. La partie du dessin est peinte. Il n'est pas nécessaire d'introduire des marques de reliure. La procédure de perforation est la suivante.

Carte (F1a) - Prise Fg - Poinçonner la portion de figure de la première prise du graphique de face,

Carte (F1b) - Ff pick - Punch ground portion from the first pick of Face graph, Card (F1c) - Fg pick - Punch figure portion from the first pick of Face graph, Card (F1d) - Ff pick - Punch ground portion from the first pick of Face graph and Card (B1a) - Bg pick - Punch figure portion from the first pick of Back graph, Carte (B1b) - Cueillette Bf - Poinçonner la partie du sol à partir de la première sélection du graphique du dos, Carte (B1c) - Cueillette Bg - Poinçonner la partie du chiffre à partir de la première sélection du graphique du dos, Carte (B1d) -

Cueillette Bf - Poinçonner la partie du sol à partir de la première sélection du graphique du dos.

Ainsi, 4 cartes sont poinçonnées à partir du premier choix de la face (2 pour Fg et 2 pour Ff) et 4 cartes sont poinçonnées à partir du premier choix du dos (2 pour Bg et 2 pour Bf). Au total, 960 cartes sont perforées à partir de 240 choix de la face et 960 cartes sont perforées à partir de 240 choix de l'arrière. Au total, 1920 cartes sont perforées.

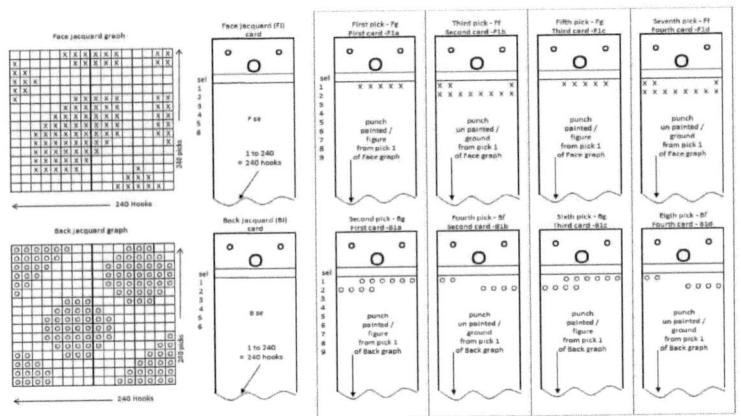

Fig. 6.12 - Procédure de poinçonnage pour DDSJ pour tisser 4P OWT

Les cartes sont lacées en série dans l'ordre suivant pour le jacquard de face.

Fla, F1b, F1c, F1d ; F2a, F2b, F2c, F2d;................F240a, F240b, F240c, F240d.

Les cartes sont lacées en série dans l'ordre suivant pour le jacquard dorsal.

Bla, Blb, Blc, Bld ; B2a, B2b, B2c, B2d ; ....B240a, B240b, B240c, B240d.

6.5.2 Technique de la mue et du tissage

Les lisses HL1 et HL2 des extrémités de piquage sont réglées pour former une mèche fermée au bas de l'anche. Les harnais des extrémités de séparation des faces qui sont construits avec un jacquard de face sont réglés pour former une mèche fermée au centre de l'anche. Un dossier séparé à la position de la tige de location est utilisé sous les extrémités de séparation centrales. La hauteur de ce dossier est ajustée pour maintenir toutes les extrémités de séparation centrale au centre de l'anche avec les extrémités de séparation frontale. Les harnais des extrémités de séparation du dos, qui sont construits avec le jacquard du dos, sont réglés pour former une mèche fermée au bas de l'anche. Les lisses supérieures HL1, HL2 sont reliées séparément à deux pédales T1 et T2 pour soulever les extrémités de piquage du bas de l'anche au haut de l'anche. Le jacquard de face et le jacquard de dos sont actionnés ensemble par une pédale de jacquard séparée (JT) pour soulever les extrémités de séparation de face du centre du roseau jusqu'au sommet du roseau et également pour soulever les extrémités de séparation de dos du bas du roseau jusqu'au centre du roseau simultanément.

La figure 6.13 montre la vue latérale de la configuration initiale du DDSJ. Pour effectuer la première mue, T1 et JT sont pressés l'un contre l'autre. Le jacquard de face est actionné avec la carte F1a et le jacquard de dos est actionné avec la carte B1a. En raison de la mue fermée au bas de l'anche, lorsque T1 est pressé, HL1 se déplace vers le haut avec toutes les extrémités de couture impaires (st 1) du bas vers le haut de l'anche, formant ainsi la couche supérieure. En même temps, HL 2 reste au bas du roseau avec toutes les extrémités paires (st 2) formant la couche inférieure. Lorsque la partie du chiffre est perforée dans la carte F1a, les extrémités Fse de la partie du chiffre sont soulevées du centre du roseau vers le haut du roseau. Les extrémités Fse de la partie sol restent au centre du roseau sans être modifiées, de même que les Cse formant la couche centrale entre la couche supérieure et la couche inférieure. De même, lorsque la partie figure est perforée dans la carte B1a, les extrémités Bse de la partie figure sont soulevées du bas de l'anche vers le centre de l'anche. Les extrémités du Bse au niveau de la partie sol restent au fond de l'anche sans être modifiées, de même que le st2 formant la couche inférieure.

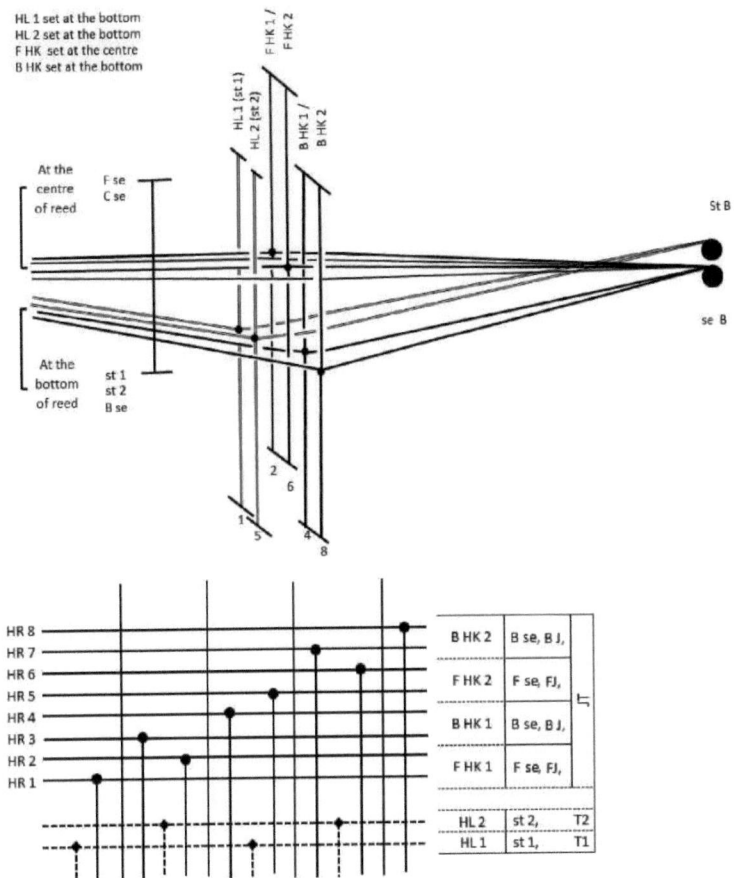

Fig. 6.13 - Montage du harnais et des lisses (vue latérale) du DDSJ pour le tissage de l'OWT 4P

Par conséquent, deux couches de cabanes - la cabane du bas et la cabane du haut - sont formées l'une au-dessus de l'autre. La couche supérieure de la bâche supérieure est formée au sommet du roseau, avec toutes les extrémités de couture impaires (st 1) ainsi que la partie des extrémités de séparation de la face. La couche centrale est formée au centre du roseau avec la partie des extrémités de séparation de la face, la partie des extrémités de séparation du dos ainsi que toutes les extrémités de séparation du centre. Cette couche centrale sert de couche inférieure pour la couche supérieure et de couche supérieure pour la couche inférieure. La couche inférieure de la nappe inférieure est formée au bas du roseau avec toutes les extrémités de couture paires (st 2) ainsi que la partie des extrémités de

135

séparation du dos.

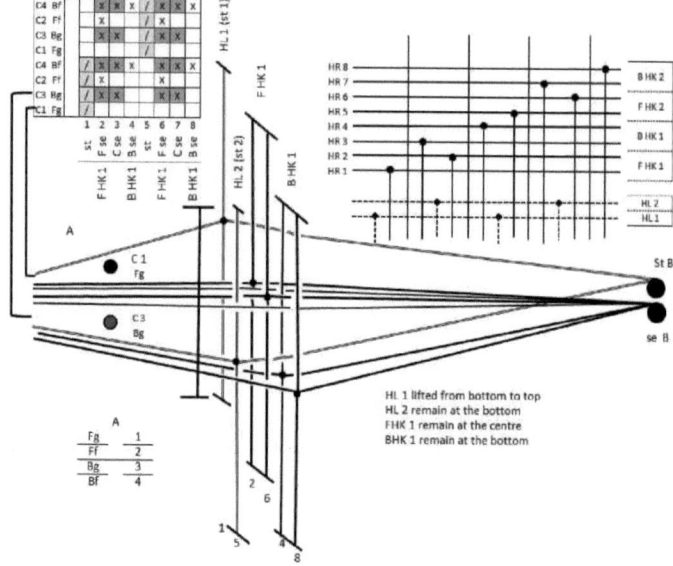

Fig. 6.14 - Insertion de Fg et Bg à l'ébauche A de DDSJ pour tisser 4P OWT

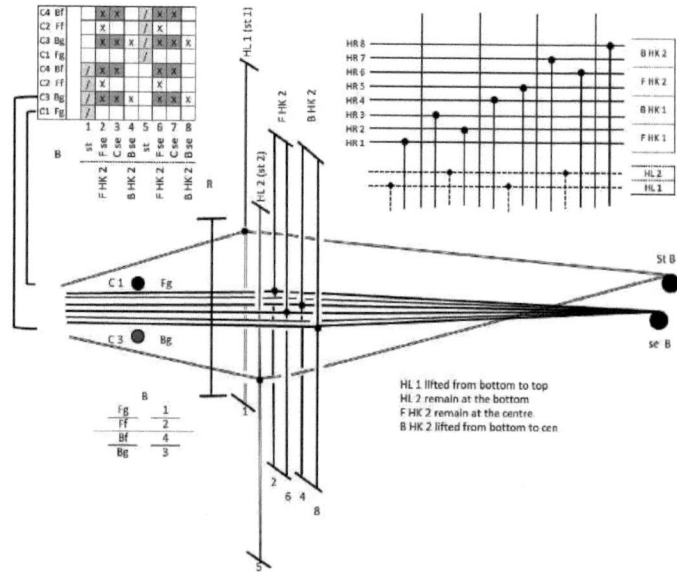

Fig. 6.15 - Insertion de Fg et Bg à l'ébauche B de DDSJ pour tisser 4P OWT

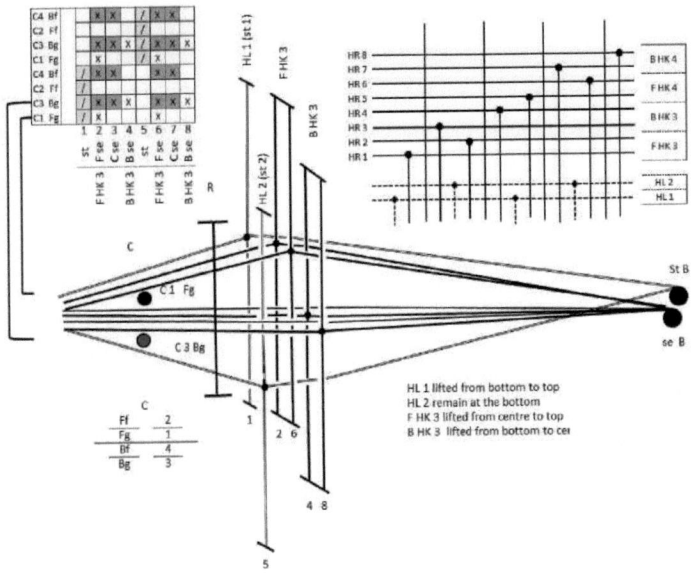

Fig. 6.16 - Insertion de Fg et Bg à l'ébauche C de DDSJ pour tisser 4P OWT

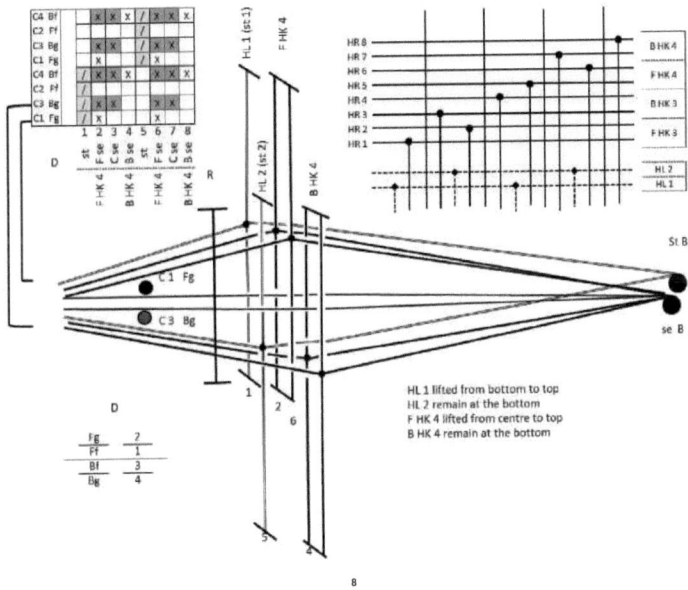

Fig. 6.17 - Insertion de Fg et Bg à l'ébauche D de DDSJ pour tisser 4P OWT

On utilise quatre navettes avec quatre trames de couleurs différentes. La première navette est jetée dans le hangar supérieur. Ce pic devient le pic de la première face au sol (Fg - C1). De même, une autre navette est jetée dans la remise inférieure. Ce picot devient le picot de fond arrière (Bg - C3). Les pics de face et de fond ainsi insérés d'un côté sont battus simultanément jusqu'à ce que le tissu tombe.

Les quatre parties des cabanes formées à l'ébauche A, à l'ébauche B, à l'ébauche C et à l'ébauche D comme expliqué ci-dessus sont montrées dans les Fig. 6.14, 6.15, 6.16 et 6.17 respectivement avec les insertions de Fg et de Bg. Les figures 6.14 et 6.15 montrent la partie au sol de la figure de face. Les figures 6.16 et 6.17 montrent la partie figure de la figure de face. Ces quatre parties du hangar doivent être lues ensemble et forment un seul hangar.

Ensuite, en maintenant la pédale T1 enfoncée comme elle l'est, on appuie sur JT. Le jacquard de face est actionné avec la carte F1b et le jacquard de dos est actionné avec la carte B1b ensemble. HL1 avec la première étape reste en haut sans aucun changement. Puisque la partie de fond est perforée dans la carte F1b, les extrémités Fse de la partie de fond sont soulevées du centre de l'anche vers le haut de l'anche avec st1, ce qui entraîne un soulèvement opposé des extrémités de séparation de la face. Les extrémités de séparation des faces de la partie de la figure restent au centre du roseau avec le Cse, formant une couche au centre du roseau. De plus, la partie terre est perforée dans la carte B 1b. Par conséquent, les extrémités Bse de la partie de fond sont soulevées du bas du roseau vers le centre du roseau, ce qui entraîne un soulèvement opposé des extrémités de séparation arrière. Les extrémités de séparation du dos dans la partie de la figure restent au fond du roseau avec le st 2 formant la couche inférieure. Les troisième et quatrième navettes portant des trames de couleurs différentes sont insérées dans la foule supérieure et la foule inférieure. Les deux pics sont battus ensemble jusqu'à l'obtention du tissu. Le pic inséré dans la foule supérieure devient le pic à figures de face (Ff - C2). Le pic inséré dans la poche inférieure devient un pic de figure de dos (Bf - C4). De cette manière, l'insertion de quatre pics est totalement terminée, à savoir Fg, Bg et Ff, Bf.

Les quatre parties de cabanes formées aux ébauches A, B, C et D comme expliqué ci-dessus sont représentées respectivement sur les Fig. 6.18, 6.19, 6.20 et

6.21 avec les insertions de Ff et Bf. Les figures 6.18 et 6.19 montrent la partie de la figure de face. Les figures 6.20 et 6.21 montrent la partie de la figure de dos. Ces quatre parties de hangars doivent être lues ensemble pour former un seul hangar.

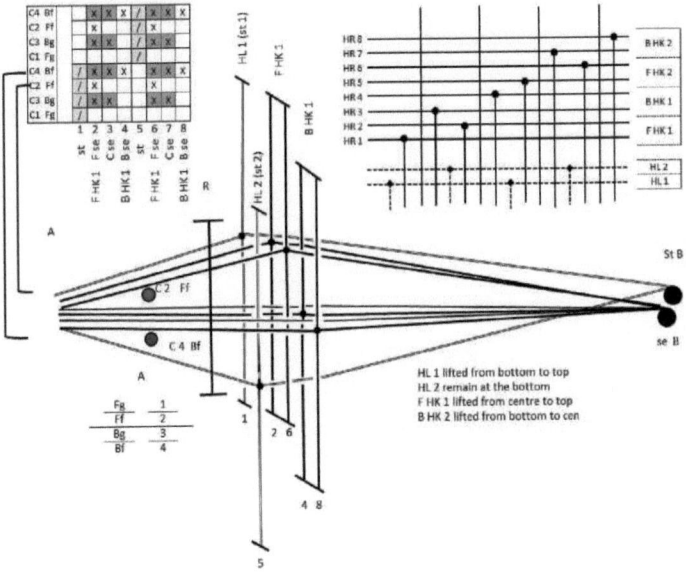

Fig. 6.18 - Insertion de Ff et Bf à l'ébauche A de DDSJ pour tisser 4P OWT

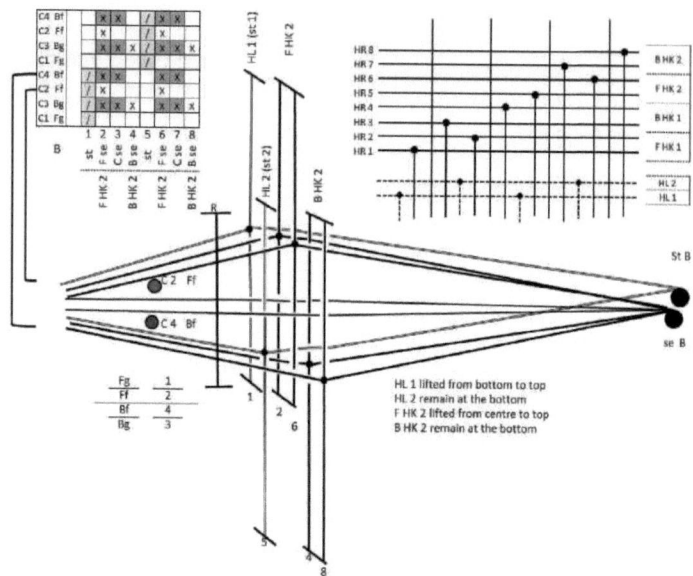

Fig. 6.19 - Insertion de Ff et Bf à l'ébauche B du DDSJ pour tisser 4P OWT

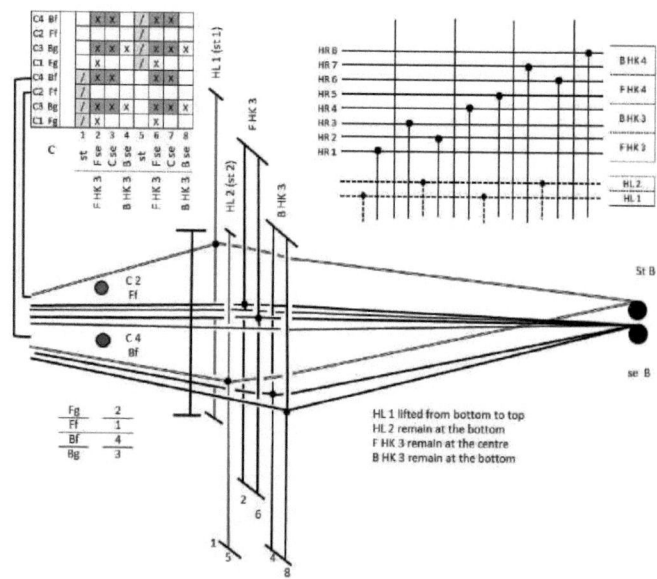

Fig. 6.20 - Insertion de Ff et Bf à l'ébauche C de DDSJ pour tisser 4P OWT

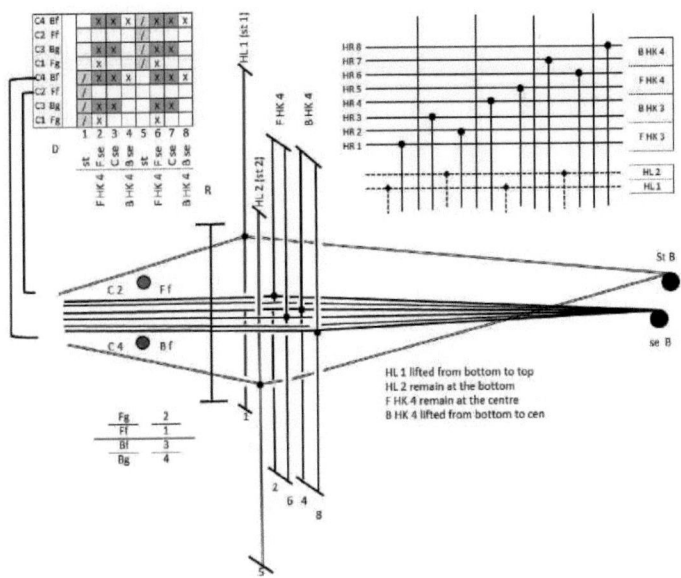

Fig. 6.21 - Insertion de Ff et Bf à l'ébauche D du DDSJ pour tisser 4P OWT

Ensuite, la mue suivante est effectuée en pressant T2 et JT avec les cartes F1c et B1c. HL2 avec st 2 et les extrémités Fse de la partie figurée sont soulevées jusqu'au sommet de la mue. Les extrémités Bse de la partie figurée sont également soulevées jusqu'au centre du roseau. La première navette portant la trame de fond Fg-C1 est à nouveau insérée dans la foule supérieure et la deuxième navette portant la trame de fond Bg-C3 est insérée dans la foule inférieure.

Ensuite, en maintenant la pédale T2 enfoncée comme elle l'est, on appuie sur la carte JT F1d et B1d. HL2 et st 2 restent en haut sans aucun changement. Les extrémités de séparation de la face de la partie illustrée sont soulevées du centre vers le haut du roseau, ce qui permet de soulever les extrémités de séparation de la face de manière opposée. Les extrémités de séparation du dos dans la portion de figure sont soulevées du bas vers le centre du roseau, ce qui permet de soulever les extrémités de séparation du dos de manière opposée. La troisième navette portant la trame de face Ff est insérée dans la foule supérieure et la quatrième navette portant la trame de dos Bf est insérée dans la foule inférieure. Ces pics deviennent respectivement le deuxième pic de figure de face (Ff-C2) et le deuxième pic de figure de dos (Bf-C4). Les deux aiguilles sont battues jusqu'à la chute du tissu. L'insertion de quatre pics est ainsi achevée, à savoir Fg + Bg et Ff + Bf. Les remises ci-dessus peuvent être comprises en imaginant l'élévation de la tige 2 par HL 2 à la place de l'élévation de la tige 1 par HL1 dans les figures 6.14, 6.15, 6.16, 6.17 et aussi 6.18, 6.19, 6.20, 6.21. Le tableau 6.2 présente la technique de tissage en détaillant le fonctionnement des différentes pédales pour l'insertion des différents fils, ainsi que le fonctionnement du jacquard, afin de faciliter la compréhension et la comparaison.

Tableau 6.2 - Procédure de tissage pour la méthode DDSJ

Pick woven	Card	Jacquard operation	Heald operation	Treadles operation
First pick - Fg 1	Card F1a	Jacquard is operated	HL1	JT and T1
Second pick - Bg1	Card B1a	Jacquard is operated		
Third pick - Ff 1	Card F1b	Jacquard is operated	HL1	JT and T1
Fourth pick - Bf 1	Card B1b	Jacquard is operated		
Fifth pick - Fg 2	Card F1c	Jacquard is operated	HL2	JT and T2
Sixth pick - Bg 2	Card B1c	Jacquard is operated		
Seventh pick - Ff 2	Card F1d	Jacquard is operated	HL2	JT and T2
Eight pick - Bf 2	Card B1c	Jacquard is operated		

Ainsi, lors du tissage FFFFF de l'armure OWT à 4 brins, l'insertion de huit brins par répétition de l'armure (deux brins de face avec deux brins de dos et à nouveau deux brins de face avec deux brins de dos) par répétition est complétée par quatre fois la mue à deux étages (DDS) avec huit fois la cueillette de la navette de jet.

Lorsque la cueillette à deux étages est également utilisée avec le délestage à deux étages, la navette portant la trame de face est placée dans la boîte à navettes supérieure et la navette portant la trame de fond est placée dans la boîte à navettes inférieure. La navette de trame de face et la navette de trame de fond sont insérées par le biais de la cueillette par navette de jetée.

Ainsi, lors du tissage de l'armure OWT à 4 pics, l'insertion de huit pics par répétition de l'armure (deux pics de face avec deux pics de dos et à nouveau deux pics de face avec deux pics de dos) est complétée par deux mèches à deux étages (DDS). La cueillette est complétée par deux cueillettes à deux étages (DDP) pour quatre pics (deux pics de face et deux pics de dos) et quatre cueillettes à navette pour quatre pics de figure (2 pics de face et 2 pics de dos).

La planche 6.1 montre un métier à tisser équipé d'un double jacquard pour la mue à deux étages afin de tisser 4P FFFFF. La planche 6.2 montre un coton dur plus grossier tissé sur ce métier avec un petit motif en losange d'un côté et un sergé en diagonale de l'autre. La planche 6.3 montre un durry de coton plus grossier avec un motif en diagonale d'un côté et un motif en losange de l'autre. La planche 6.4 présente un châle en soie fine avec un motif diagonal d'un côté et un motif ogee de l'autre.

Les photos simulées de différents produits pouvant être fabriqués selon le nouveau concept sont présentées dans les planches 6.5, 6.6 et 6.7. Le tapis de porte à gros carreaux (laine) qui devient un tapis de porte à petits carreaux (coton) lorsqu'il est inversé est illustré sur la planche 6.5. La planche 6.6 montre comment une veste à petits carreaux (coton) devient une veste à rayures (soie d'art) lorsqu'elle est inversée. L'inversion d'un tapis de sol à motifs de losanges (coton) et de diagonales (laine) est illustrée sur la planche 6.7.

Les détails des caractéristiques de qualité et de tissage d'un FFFFF typique de 4P OWT avec toutes les configurations de jacquard discutées dans ce chapitre, à savoir la méthode tout Jacquard (électronique), la méthode tout Jacquard (mécanique), le Jacquard avec lisses (multi-filières) et le Jacquard avec DDS (multi-filières) sont donnés dans les tableaux 6.3 et 6.4 pour une compréhension et une comparaison claires.

Plate 6.1 –

Double jacquard
with DDS
to weave
4P OWT - FFFFF

Plate 6.2 –

FFFFF of 4P OWT-
Twill/Diamond-
Cotton/ Cotton

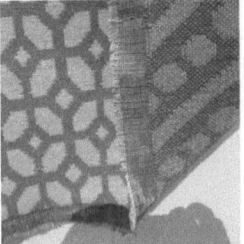

Plate 6.3 –

FFFFF of 4P OWT-
Diagonal/ Diamond –
Cotton/ Cotton

Plate 6.4 –

FFFFF of 4P OWT -
Diagonal/ Ogee –
Silk/ Silk

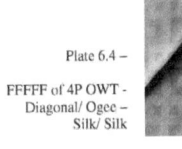

143

Produits réversibles de FFFF (Simulation)

Planche 6.5 - Un paillasson à gros carreaux (laine) devient

Tapis de porte à petits carreaux (coton) lorsqu'il est inversé

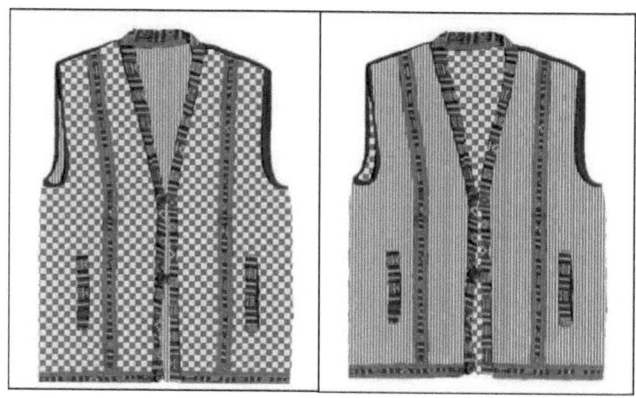

Planche 6.6 - Une veste à petits carreaux (coton) devient une veste à rayures (soie d'art) lorsqu'elle est inversée.

Planche 6.7 - Un tapis de sol à motifs en losange (coton) devient un tapis de sol à motifs en diagonale (laine) lorsqu'il est inversé.

Tableau 6.3 - Caractéristiques des installations Jacquard pour le tissage
FFFFF de l'OWT 4P

Description	All Jacquard method (Electronic)	All Jacquard method (Mechanical)	Jacquard with healds (Multi treadle)	Jacquard with DDS (Multi Treadle)
1	2	3	4	5
Jacquard capacity	480 hooks	480 hooks	FJ – 240 hooks BJ – 240 hooks	FJ – 240 hooks BJ – 240 hooks
Harness tie	Straight	Straight	Doubling (1HK = 2 HR) and Sectional	Doubling (1HK = 2 HR) and Sectional
No. of healds	Nil	Nil	4 - HL1 (st 1), HL2 (st 2), HL3 (Cse), OHL (Fse)	2 - HL1 (st 1), HL2 (st 2)
Ends per repeat	480	480	1920	1920
Picks per repeat	480	480	1920	1920
Ends/" X Pick/"	96 X 96	96 X 96	96 X 96	96 X 96
Repeat Size	5" X 5"	5" X 5"	20" X 20"	20" X 20"
Size of guide graph	Face - 60 X 60 Back - 60 X 60	Face - 60 X 60 Back – 60 X 60	Fa – 240 X 240 Ba – 240 X 240	Fa – 240 X 240 Ba – 240 X 240
Superimpose graph size	60 X 60	Not required	Not required	Not required
Scaling of graph	8 Times X 8 Times	Fa – 8T X 4T Ba – 8T X 4T	Not required	Not required

Tableau 6.3 - suite

1	2	3	4	5
Size of graph for punching	480 X 480	Face – 480 X 240 Back – 480 X 240	Face – 240 X 240 (Guide graph) Back – 240 X 240 (Guide graph)	Face – 240 X 240 (Guide graph) Back – 240 X 240 (Guide graph)
Insertion of weave marks	weaves- A, B, C, D	Weaves E, F in Fa. Weaves G, H in Ba.	Not required	Not required
Punching procedure and Numbering of cards	Electronic control	Punch all marks Face – F1, F2, F3, F4, F5, F6...... Back – B1, B2, B3, B4, B5, B6.....	Face guide graph – each pick Punch figure (2 cards- F1a, F1c) Punch ground (2 cards- F1b, F1d) Back guide graph– each pick Punch figure (2 cards- F1a, F1c) Punch ground (2 cards- F1b, F1d)	Face guide graph – each pick Punch figure (2 cards- F1a, F1c) Punch ground (2 cards- F1b, F1d) Back guide graph– each pick Punch figure (2 cards- F1a, F1c) Punch ground (2 cards- F1b, F1d)
Lacing	Nil	F1, F2, B1, B2, F3, F4, B3, B4..	FJ cards – F1a, F1b, F1c, F1d...... BJ cards – B1a, B1b, B1c, B1d....	FJ cards – F1a, F1b, F1c, F1d...... BJ cards – B1a, B1b, B1c, B1d....
Total cards	Nil	480	1920	1920
No. of treadles	Nil	1	5- T1 (HL1), T2 (HL1, HL3, OHL), T3 (HL2), T4 (HL2, HL3, OHL), JT (FJ and BJ)	3 – T1 (HL1), T2 (HL2), JT (FJ and BJ)
Treadle pressing order	Nil	Continuous	T1+ JT; T2 + JT; T1+ JT; T2 + JT; T3+ JT; T4 + JT; T3+ JT; T4 + JT	T1+ JT; T1+ JT T1+ JT; T1+ JT T2+ JT; T2 + JT T2+ JT; T2 + JT

Source : Données primaires

Tableau 6.4 - Caractéristiques de qualité du Jacquard pour le tissage FFFFF de 4P OWT

Description	All Jacquard method (Electronic)	All Jacquard method (Mechanical)	Jacquard with healds (Multi treadle)	Jacquard with DDS (Multi Treadle)
St Warp count:	2/20^S	2/20^S	2/20^S	2/20^S
Se Warp count:	2/20^S – 2 / 3 ply	2/20^S – 2 / 3 ply	2/20^S – 2 / 3 ply	2/20^S – 2 / 3 ply
Ratio of two warps	1 St : 3 Se	1 St : 3 Se	1 St : 3 Se	1 St : 3 Se
Jacquard used	480 Hook	480 Hook	240 H + 240 H	240 H + 240 H
Figuring Hooks	480	480	480	480
Total Fse ends	120	240 x 2 = 480	240 x 2 = 480	240 x 2 = 480
Total Bse ends	120	480	480	480
Total St ends	120	480	480	480
Total Cse ends	120	480	480	480
Total ends / repeat	480	1920	1920	1920
Reed count , denting	48^S – 4 per dent,	48^S – 4 per dent,	48^S – 4 per dent,	48^S – 4 per dent,
Ends per inch	96 ends per inch	96 ends per inch	96 ends per inch	96 ends per inch
Width of the repeat	480 / 96 = 5"	1920 / 96 = 20"	1920 / 96 = 20"	1920 / 96 = 20"
Punching graph	480 (Electronic)	F = 240 ; B = 240	F = 240 ; B = 240	F = 240 ; B = 240
Cards per pick	Nil	1	4	4
Total cards punched	Nil	480	480 x 4 = 1920	480 x 4 = 1920
Picks per repeat	480	480	1920	1920
Count of Face weft	3^S woollen	3^S woollen	3^S woollen	3^S woollen
Count of Back weft	2^S cotton	2^S cotton	2^S cotton	2^S cotton
Picks per inch	96 [48 F (24 + 24) + 48 B (24 + 24)]	96 [48 F (24 + 24) + 48 B (24 + 24)]	96 [48 F (24 + 24) + 48 B (24 + 24)]	96 [48 F (24 + 24) + 48 B (24 + 24)]
Length of the repeat	480 / 96 = 5"	480 / 96 = 5"	1920 / 96 = 20"	1920 / 96 = 20"

Source : Données primaires

146

CHAPITRE 7

7. ANALYSE TECHNICO-ERGONOMIQUE

Les caractéristiques de qualité utilisées pour développer les différents FFFF des tissages OWT, qui comprennent les fils par unité d'espace, le nombre, le matériau et le poids, ont été rassemblées dans le tableau 7.1. Toutes les gammes de qualité (grossière, moyenne et plus fine) sont couvertes dans le tableau 7.1. L'utilisation finale des tissus est également incluse.

Les tableaux 7.2 et 7.3 comparent les avantages des nouvelles armures et méthodologies de tissage dérivées de l'étude. Le tableau 7.2 compare les avantages de la production de FFFFF à l'aide des tissages OWT par rapport au tissu deux-en-un à l'aide d'un tissu double cousu. Le tableau 7.3 compare la mue à deux étages à la mue ordinaire. Toutes les caractéristiques des métiers à tisser des différentes techniques dérivées de l'étude pour produire la nouvelle structure de tissu ont été comparées pour permettre l'analyse et la comparaison en un coup d'œil. Les tableaux comparent également les détails qui permettent de comprendre clairement l'avantage technico-ergonomique et économique d'une technique par rapport à l'autre. Les paramètres de délestage - nombre de lisses, de pédales et de cycles de cueillette utilisés pour le tissage SFFFF des armures OWT 2P, 3P et 4P sont comparés dans le tableau ainsi que dans les graphiques de la figure 7.1. Les comparaisons portent sur le délestage régulier avec nouage régulier, le délestage régulier avec nouage modifié, le délestage à deux étages et le délestage à deux étages - cueillette. On observe que le nombre de lisses, de pédales et de cycles de prélèvement utilisés diminue progressivement avec le changement de la méthode de délestage.

Le tableau 7.4 compare les différentes configurations de jacquard utilisées pour le tissage FFFFF de l'armure OWT 3P. Les avantages du tissage FFFFF de l'armure OWT 4P en utilisant différentes configurations de jacquard sont comparés dans le tableau 7.5. L'avantage de la préparation du graphique de perforation sans marques de tissage pour le jacquard avec des pédales multiples et la méthode de délestage DDS est noté. L'augmentation progressive de la largeur de trame dans chaque méthode est également observée. La réduction de la levée de charge dans la méthode DDS par rapport aux autres méthodes de délestage est également notée.

L'étude a permis de déterminer toutes les possibilités de production des tissages OWT en utilisant deux, trois et quatre pics. D'après le tableau des caractéristiques de qualité et la comparaison, il est évident que les tissages OWT présentent tous les avantages pour la production de tissu FFF dans les pays suivants

Tableau 7.1 - Caractéristiques de qualité des différents tissus Face - Flip - Face

FFF Fabrics	Count of Warp (Ne - Tex)		Ends per inch - cm		Count of Weft (Ne - Tex)	Picks per inch - cm	Weight g/yd² – mt²)	Dimension – WidthX Length (inches - cms)	Reed count & Denting	Material	End use of fabric
	Se.	St.	Se.	St.							
1	2/20^S	2/20^S	42	14	4^S (2 ply)	56	726	90 X 90	24^S - 4	Cotton	Floor carpet
	60 Tex	60 Tex	17	5	300 Tex	22	1040	230 X 230			
2	2/40^S	2/40^S	54	18	10^S (2 ply)	72	389	36 X 48	32^S - 4	Cotton	Table cloth
	30 Tex	30 Tex	21	7	120 Tex	28	557	90 X 120			
3	2/60^S	2/60^S	63	21	20^S (2 ply)	84	242	60 X 60	40^S - 4	Cotton	Room divider
	20 Tex	20 Tex	25	8	60 Tex	33	347	150 X 150			
4	2/120^S	2/120^S	96	32	48^S (2 ply)	108	204	40 X 80	60^S - 4	Woolen	Woolen shawl
	10 Tex	10 Tex	38	13	25 Tex	43	292	100 X 200			
5	20-22 D (2 ply)	20-22 D (2 ply)	124	42	20-22 D (4 ply)	128	114	40 X 80	80^S - 4	Silk	Silk Shawl
	5 Tex	5 Tex	49	17	10 Tex	50	163	100 X 200			

Source : Données primaires

Tableau 7.2 - Comparaison du FFFF de la double toile cousue et de l'armure OWT

Self stitched double cloth weave	OWT weave
• Single cloth on both sides.	• Weft tapestry on both sides,
• Ends per inch to be more.	• Ends per inch could be less.
• Huge numbers of ends have to be lifted.	• Lifting of huge number of ends does not arise.
• Imbalance lifting for alternate picks.	• Balance lifting for alternate picks.
• Binding marks are necessary.	• No binding marks.
• Binding marks makes the fabric rough to feel.	• Due to weft prominence, the fabrics are smooth and rubber like.
• Binding marks reduces the solidity of figure. .	• The appearance of figure is solid.
• Useful for finer and medium counts.	• Useful for all range of counts.
• Increased figuring capacity of jacquard is required to increase the width of repeat.	• Due to less ends per inch, the width of repeat increases for the given capacity of jacquard.
• No other possibilities of increasing the width of repeat from the given capacity of jacquard in handloom.	• Special shedding techniques increase the width of repeat from the given capacity of jacquard in handloom.
• Introduction of wadding threads is difficult.	• Introduction of wadding threads is easy.
• Increasing the weight and thickness of the fabric is limited.	• Increasing the weight and thickness of the fabric has no limit.
• Waste yarn utilization is not possible.	• Waste yarn utilization through separating warp is possible.

Tableau 7.3 - Comparaison entre le délestage ordinaire et le délestage à deux étages

Ordinary shedding	Double Decker Shedding (DDS)
• Single shed formed.	• Two shed formed one above the other.
• Load is more while performing shedding for back picks.	• Load is less while performing shedding for back picks.

Shedding H- Healds, T- Treadles P- Picking	H	T	P	H	T	P	H	T	P
Double cloth	8	8	8	8	8	8	8	8	8
OWT weaves of SFFFF	2P			3P			4P		
Regular Shedding with Regular Tie-up	3	4	4	5	6	6	7	8	8
Regular Shedding with Modified Tie-up	3	3	4	5	5	6	7	6	8
DDS	2	2	4	4	4	6	6	4	8
DDS and DDP	2	2	2	4	4	4	6	4	4

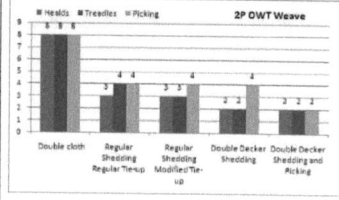

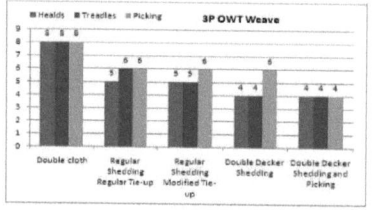

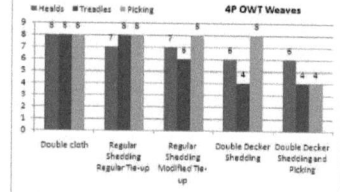

Fig. 7.1 - Comparaison des méthodes de délestage de lisses pour le tissage des tissus en filaments de polyester (SFFFF)

140

Tableau 7.4 - Comparaison des configurations du jacquard pour le tissage FFFFF du 3P OWT

Description	All Jacquard method	Jacquard with healds (Single treadle)	Jacquard with healds (Multi Treadle)	Jacquard with DDS (Multi Treadle)
Jacquard used	240 Hook	240 Hook (200 Hooks – figuring 40 Hooks – healds control)	240 Hook	240 Hook
No. of healds	Nil	4	4	2
No. of treadles	1	1	5	3
Total ends / repeat	240	1200	1440	1440
Size of guide graph	40 X 40	200 X 200	240 X 240	240 X 240
Size of graph for Punching	240 X 240	200 X 200 (Guide graph)	240 X 240 (Guide graph)	240 X 240 (Guide graph)
Insertion of weave marks	Insertion of weaves required	Not required	Not required	Not required
Total cards punched	240	1200	960	960
Total Picks per repeat	240	1200	960 (by cards) 480 (without cards)	960 (by cards) 480 (without cards)
Ends per repeat X Picks per repeat	240 X 240	1200 X 1200	1440 X 1440	1440 X 1440
Ends /" X Picks/"	72 X 72	72 X 72	72 X 72	72 X 72
Repeat size	3.33" X 3.33"	16.66" x 16.66"	20" x 20"	20" x 20"

Source : Données primaires

150

Tableau 7.5 - Comparaison des configurations du jacquard pour le tissage FFFFF de l'OWT 4P

Description	All Jacquard method (Electronic)	All Jacquard method (Mechanical)	Jacquard with healds (Multi treadles)	Jacquard with DDS (Multi Treadles)
Jacquard used	480 Hook	480 Hook	240 H + 240 H	240 H + 240 H
No. of healds	Nil	Nil	4	2
No. of treadles	Nil	1	5	3
Total ends / repeat	480	1920	1920	1920
Size of guide graph	Face - 60 X 60 Back - 60 X 60	Face - 60 X 60 Back – 60 X 60	Face – 240 X 240 Back – 240 X 240	Face – 240 X 240 Back – 240 X 240
Superimpose graph size	60 X 60	Not required	Not required	Not required
Size of graph for punching	480 X 480	Face – 480 X 240 Back – 480 X 240	Face – 240 X 240 Back – 240 X 240	Face – 240 X 240 Back – 240 X 240
Insertion of weave marks	weaves- A, B, C, D	Weaves E, F in Face Weaves G, H in Back	Not required	Not required
Total cards punched	Nil	480	480 x 4 = 1920	480 x 4 = 1920
Total Picks per repeat	480	480	1920	1920
Ends per repeat X Picks per repeat	480 X 480	480 X 480	1920 X 1920	1920 X 1920
Ends /" X Picks/"	96 X 96	96 X 96	96 X 96	96 X 96
Repeat size	5" X 5"	5" X 5"	20" X 20"	20" x 20"
Load lifting for back picks	Average	Average	Average	Minimum

Source : Données primaires

gamme de qualité plus fine, moyenne et plus grossière. Il est également possible de produire des tissus FFFF avec des structures d'armure OWT en utilisant différents types de harnais combinés à un système de lisses.

Les créateurs et les étudiants peuvent très bien adopter ces tissages pour produire une gamme de produits réversibles uniques et innovants tels que des châles, des écharpes, des cache-nez, des vestes, des tapis de sol, des paillassons, des nappes, des séparateurs de pièces, des rideaux de porte.

Les techniques DDSH, DDSJ et DDSP dérivées de l'étude présentent tous les avantages pour tisser des variétés de tissus FFFF avec une augmentation de la capacité de calcul du jacquard donné, un graphisme simple avec perforation de carte et un tissage ergonomique.

Étant donné que les extrémités de séparation de la méthode de la double poutre restent complètement entre les trames, la couleur de ces extrémités n'a pas d'importance. Par conséquent, les matériaux inutilisés ou usagés de n'importe quelle couleur peuvent être réutilisés, ce qui réduit le coût des matériaux dans la production.

Dans l'industrie textile, le secteur du tissage à la main et le secteur décentralisé du tissage motorisé utilisent encore aujourd'hui principalement des machines jacquard mécaniques à pas grossier d'une capacité de crochets inférieure, comprise entre 120 et 400. Toute méthode permettant d'augmenter la capacité de figuration de la machine jacquard est toujours bénéfique pour ces secteurs, car elle permet de produire des dessins de grande taille à l'aide d'une machine jacquard de plus petite capacité, facile à utiliser manuellement ou à l'aide d'un dispositif mécanique simple.

D'autres études pourraient être menées pour développer l'orge DDP pour les métiers à tisser mécaniques et les métiers à tisser sans navette. Le concept de tissu Face - Flip - Face peut également être développé à l'aide d'un tissage satin breveté utilisant des fils plus fins et plus grossiers en chaîne et en trame afin d'obtenir une plus grande diversité. L'armure OWT peut être étendue au tissage avec des ouates de trame entre les couches de face et de dos pour augmenter l'épaisseur afin d'utiliser les déchets et de renforcer des matériaux de nature différente pour modifier les propriétés fonctionnelles et l'utilisation finale de ces tissus. Le tissage de l'armure OWT en utilisant une seule ensouple au lieu d'une double ensouple est également un autre domaine d'études futures.

BIBLIOGRAPHIE

1. Behera B K, Rajesh Mishra (2008), "3 - Dimensional Weaving", **Indian Journal of Fibre and Textile Research**, 33 (septembre), 274-287.

2. Bogdanovich A E, Mohamad (2009), "Three - Dimensional Reinforcements for Composites", **SAMPE Journal**, 45 (novembre / décembre), 14 - 18.

3. Gokarneshan N (2011), "Double Cloth", **Fabric Structure and Design**, 102- 106.

4. Grosicki Z J (2004), "Stitched Double Cloths", **Watson's Advanced Textile Design**, 104- 113.

5. Grosicki Z J (2004), "Weft Tapestry", **Watson's Advanced Textile Design**, 192-200.

6. Grosicki Z J (2004), "Traditional Loom Mounting", **Watson's Advanced Textile Design**, 371- 380.

7. Jayaramaiah D (1982), "Two In One (Figured Fabric)", **Souvenir 1982**, IIHT, Salem.

8. Nisbet H (1985), "Tapestry Fabrics", **Grammar of Textile Design**, 481- 486.

9. Paint tool Version 6.0 (2000), "Help topics", **MS Windows**.

10. Panneerselvam, R G (1997), "Open Shed Method in Weaving Figured Piques", **Souvenir 1997**, Indian Institute of Handloom Technology, Salem.

11. Panneerselvam R G (2008), "Weaving of 3 Dm Fabric in Handlooms", www.fibre2fashion.com, septembre.

12. Shankar Kumar (1983), "Double Race Board Sley", **brochure**, Indian Institute of Handloom Technology, Salem.

13. Thennarasu P (2001), "Methods of Producing Two-In-One Fabrics by Using Jacquard Looms", **Souvenir 2001**, IIHT, Salem.

14. Xiaogang Chen, "3D Weaving and 3D Woven Structures", **www.texeng.co.uk / papers / 3D_Weaving.pdf,** Université de Manchester.